I0073585

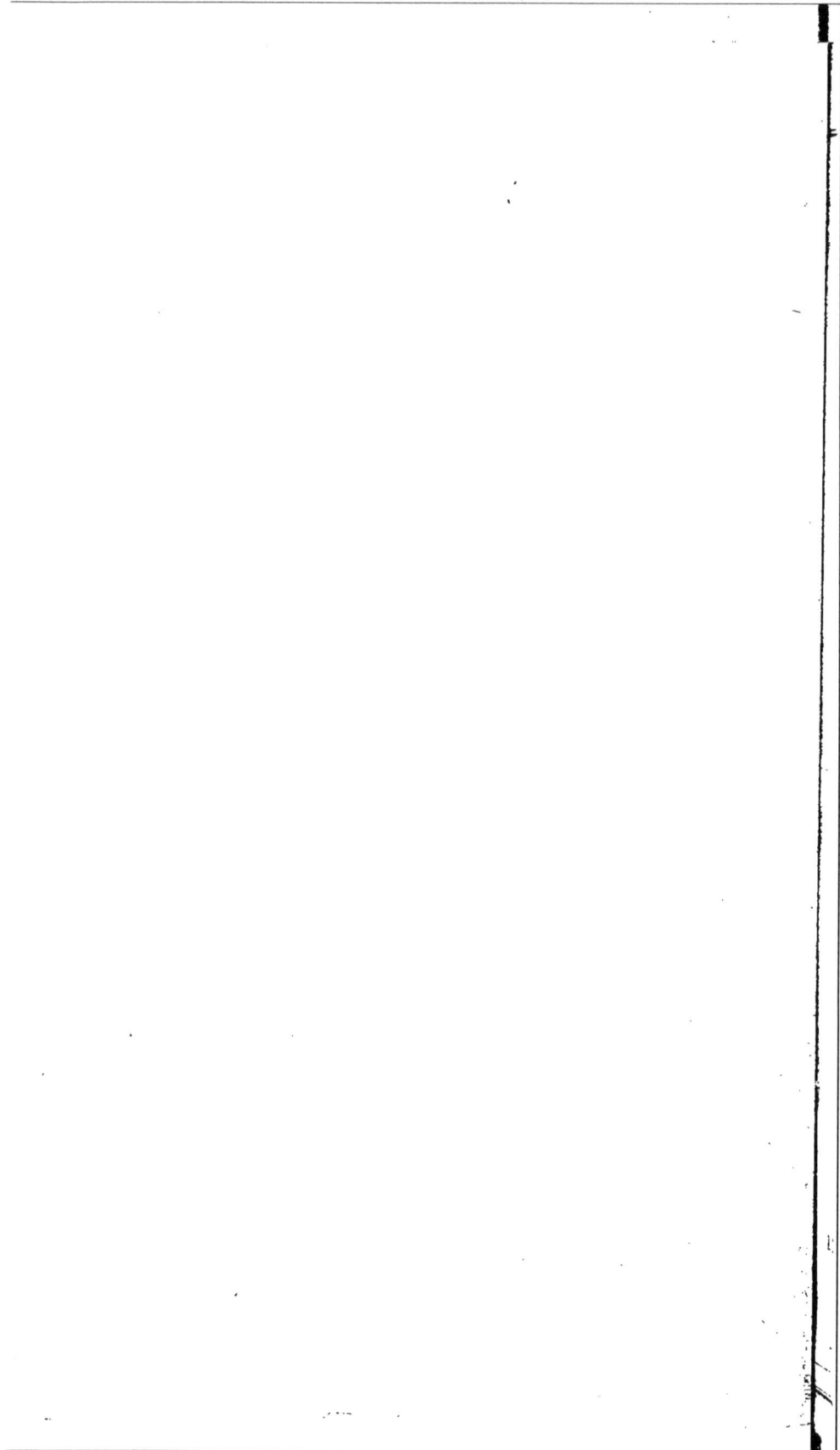

ÉTUDE HYGIÉNIQUE

SUR LA PROFESSION DE

MOULEUR EN CUIVRE

POUR SERVIR A L'HISTOIRE

DES PROFESSIONS EXPOSÉES AUX POUSSIÈRES INORGANIQUES

PAR LE DOCTEUR

AMBROISE TARDIEU

Médecin de l'hôpital La Riboisière, membre du Comité consultatif d'hygiène
publique, professeur agrégé à la Faculté de médecine de Paris.

A PARIS

CHEZ J.-B. BAILLIÈRE,

LIBRAIRE DE L'ACADÉMIE IMPÉRIALE DE MÉDECINE
19, rue Hautefeuille.

1855

ÉTUDE HYGIÉNIQUE

SUR LA PROFESSION

DE MOULEUR EN CUIVRE

CHEZ J.-B. BAILLIÈRE.

OUVRAGE DE M. AMBROISE TARDIEU.

DICTIONNAIRE

D'HYGIÈNE PUBLIQUE ET DE SALUBRITÉ

ou

RÉPERTOIRE DE TOUTES LES QUESTIONS

RELATIVES A LA SANTÉ PUBLIQUE

Considérées dans leurs rapports avec les subsistances, les épidémies, les professions, les établissements et institutions d'Hygiène et de Salubrité, complété par le texte des Lois, Décrets, Arrêtés, Ordonnances et Instructions qui s'y rattachent.

PARIS, 1852 - 1854.

Trois forts volumes in-8°: 24 francs.

CORBEIL, typ. et stér. de CRÉTÉ.

ÉTUDE HYGIÉNIQUE

SUR LA PROFESSION DE

MOULEUR EN CUIVRE

POUR SERVIR A L'HISTOIRE

DES PROFESSIONS EXPOSÉES AUX POUSSIÈRES INORGANIQUES

PAR LE DOCTEUR

AMBROISE TARDIEU

Médecin de l'hôpital La Riboisière, membre du Comité consultatif d'hygiène publique, professeur agrégé à la Faculté de médecine de Paris.

A PARIS

CHEZ J.-B. BAILLIÈRE,

LIBRAIRE DE L'ACADÉMIE IMPÉRIALE DE MÉDECINE

19, rue Hautefeuille.

1855

Extrait des *Annales d'Hygiène publique et de Médecine légale*,
2e série, 1854. Tome II, 1re partie.

ÉTUDE HYGIÉNIQUE

SUR LA PROFESSION

DE MOULEUR EN CUIVRE

POUR SERVIR A L'HISTOIRE

DES PROFESSIONS EXPOSÉES AUX POUSSIÈRES INORGANIQUES

Le moment n'est pas encore venu où il sera possible de
tenter avec quelque chance de succès une histoire générale
des professions, envisagées au point de vue de leurs conditions
hygiéniques, des maladies qui leur sont propres et des lois
de leur mortalité comparative. Une telle entreprise, la plus
grande à coup sûr, et la plus utile que puisse choisir, pour
but de ses efforts, tout homme sincèrement voué au progrès
de l'hygiène publique et à l'amélioration du sort des classes
laborieuses, une telle entreprise, pour être accomplie digne-
ment, exige des éléments empruntés à la fois à l'économie
politique, à la statistique, à la technologie, à la médecine
enfin, et dont aucune de ces sciences n'est encore en complète
possession. Jamais, cependant, à aucune époque, un intérêt
plus réel et plus immédiat ne s'est attaché à de semblables
études, qui, non-seulement peuvent faire disparaître les causes
d'insalubrité inhérentes à certaines industries, mais encore
sont le seul fondement sur lequel puissent être solidement
instituées les sociétés de secours mutuels et les caisses de re-
traite pour les artisans malades et invalides. Aussi, en atten-
dant qu'il soit possible de les mettre en œuvre, doit-on s'atta-

cher à réunir tous les matériaux nécessaires, et à préparer par une suite de travaux partiels entrepris dans cette voie la construction de l'édifice tout entier.

Mais la condition que l'on doit avant tout, et dès à présent, réclamer, afin d'en assurer le succès, c'est que ces travaux soient dirigés de manière à répondre à toutes les exigences d'une observation exacte et rigoureuse, et à échapper aux hypothèses et aux opinions systématiques qui en ont trop souvent pris la place ; c'est surtout que la méthode qui les inspire soit également éloignée d'un optimisme exagéré, et de ces prétentions de réforme universelle, qui, sous prétexte de salubrité, ne manqueraient pas de jeter la perturbation dans toutes les branches de l'industrie humaine. Ces principes, d'ailleurs, sont ceux qui dirigent aujourd'hui l'administration supérieure. L'action du gouvernement, si vivement éveillée sur tout ce qui touche à la santé publique, se montre à la fois énergique et prudente, respectant tous les intérêts , en même temps qu'elle favorise tous les progrès qui peuvent contribuer à rendre moins pénibles et plus salubres les conditions de travail et d'existence des classes ouvrières.

Le mémoire que nous publions aujourd'hui sur l'hygiène des mouleurs en cuivre en est une preuve manifeste. Il n'est, en effet, que le résumé des recherches collectives d'une commission chargée par M. le ministre de l'agriculture, du commerce et des travaux publics, d'étudier une question d'hygiène professionnelle des plus graves.

Le moulage du bronze dans les fonderies de cuivre a jusque dans ces derniers temps employé pour principal ingrédient le poussier de charbon ; mais la pénétration de cette poussière dans les organes respiratoires a été signalée comme une cause très-active de maladie pour les ouvriers de cette profession. Or, dans les premiers mois de l'année 1853, un ancien ouvrier, M. Rouy, imagina de substituer au poussier de charbon la fécule de pomme de terre ; et des essais entrepris sur une très-grande échelle, l'adoption même définitive par quelques-uns

des principaux fabricants du nouveau procédé, en démontrè-
rent les avantages hygiéniques, en même temps qu'ils prou-
vaient la possibilité d e l'appliquer sans désavantage à la fabrication. Dès lors, les ouvriers, embrassant avec une ardeur facile
à comprendre l'espoir d'une réforme complète de leur mode
de travail, ne reculèrent devant aucun moyen de la faire triom-
pher, et des conflits regrettables survenus entre eux et leurs
patrons ne tardèrent pas à éveiller la sollicitude de l'administration. Sans vouloir retracer ici les phases qu'a traversées
depuis quelques mois cette affaire doublement importante au
point de vue des intérêts de la salubrité et de la prospérité
de l'une des branches les plus importantes de l'industrie
parisienne, nous nous bornerons à rappeler que, portée en
dernier lieu devant la haute autorité de M. le ministre du
commerce, elle fut soumise par lui à une commission appelée
à juger à la fois les deux éléments hygiénique et commercial
du problème, et composée de MM. Magendie, Chevreul,
Regnault, Mêlier, Lechâtelier, A. Tardieu, à qui se réunit
M. Julien, chef de la division du commerce intérieur, sous
la présidence de M. le conseiller d'État directeur général
Heurtier.

On pourra juger, par les développements dans lesquels
nous allons entrer, de l'étendue et de l'intérêt de l'enquête à
laquelle s'est livrée la commission, qui nous a fait l'honneur
de nous choisir pour rapporteur. Nous laisserons de côté la
discussion des questions purement industrielles qu'elle a eu à
résoudre; mais nous emprunterons au rapport des détails
techniques exposés avec une remarquable clarté par M. Lechâtelier, ingénieur en chef des mines, et qui sont singulière-
ment propres à éclairer les conditions hygiéniques du travail
des mouleurs en cuivre. C'est un devoir pour nous d'ajouter
qu'il n'est pas une seule de nos recherches qui ne nous soit
commune avec notre savant collègue, M. Mêlier, et pour laquelle nous n'ayons mis à profit son expérience consommée
et ces habitudes de précision dont ses excellents travaux por-

tent l'empreinte, et qui l'ont placé au premier rang parmi les médecins hygiénistes.

Nous terminerons ces considérations préliminaires, en faisant observer que, au point de vue de l'hygiène, la profession de mouleur en cuivre doit être rangée parmi celles qui exposent l'ouvrier à l'inspiration de poussières inorganiques. A ce titre, elle présente un intérêt plus général que ne semble l'indiquer le champ restreint sur lequel elle s'exerce. Nous croyons, en effet, que les désordres que nous avons constatés chez les mouleurs peuvent servir de types à un grand nombre d'affections professionnelles dues à l'action des poussières inorganiques ; mais nous sommes non moins convaincu que les professions diverses, qui se trouvent dans des conditions en apparence semblables, doivent offrir des particularités qui permettent de différencier, d'après leur cause spéciale, les accidents qui appartiennent à chacune d'elles. S'il était besoin de preuve à cette proposition, nous rappellerions les faits récemment observés par le docteur Desayvres, médecin de la manufacture d'armes de Châtellerault, sur les aiguiseurs d'armes. La lésion des poumons offerte par ces ouvriers est à la fois très-analogue à celle des mouleurs, et cependant très-distincte. Mais, sans nous étendre sur ce point que nous devons nous borner à signaler, qu'il nous soit permis de dire que ces observations, comme les nôtres, doivent avoir pour effet de modifier les idées qu'on avait pu se faire touchant l'influence des poussières inorganiques, à l'époque où Parent-Duchâtelet écrivait sous l'inspiration de cet optimisme dont il a plus d'une fois donné l'exemple, et dont la tradition semble lui avoir survécu : « Nos charbonniers ne sont pas plus « sensibles à la poussière de charbon assez dure pour polir les « métaux que nos mineurs à celle de la houille. »

PREMIÈRE PARTIE.

Des conditions du travail et de l'industrie du moulage et de la fonderie en cuivre.

Les fondeurs en bronze sont, à Paris, au nombre de près de 100, occupant 2,010 ouvriers et apprentis.

L'industrie du fondeur en bronze ou en cuivre consiste dans la confection des moules ou le *moulage* sur les modèles qui lui sont confiés par ses clients, ou dont, plus rarement, il est propriétaire, et dans la *fonte* de l'alliage à base de cuivre qui doit être coulé dans les moules.

Le bronze et le laiton sont les alliages communément employés par les fondeurs en bronze; leur bronze est, pour la plupart des cas, un alliage à base de cuivre et d'étain, dans lequel il entre une quantité de zinc plus ou moins considérable. Ce mélange est nécessaire pour donner au métal les qualités requises pour la bonne confection des pièces; il a pour le fondeur l'avantage d'abaisser notablement le prix de revient de la matière première.

Sauf de rares exceptions, pour les bronzes destinés à la galvanoplastie dans les ateliers de M. Christofle, pour les bronzes d'art proprement dits (statues et médaillons) et pour les pièces de mécanique qui sont souvent livrées ajustées, le *fondeur* ne fait qu'*ébarber* ses produits, et les livre au *fabricant* qui les fait polir, ciseler, vernir, dorer ou argenter, pour les vendre directement aux consommateurs.

Le *moulage* est une opération souvent délicate, qui exige de la part des ouvriers, pour beaucoup d'objets, du soin, de l'intelligence et une grande légèreté de main ; comme travail manuel, il ne peut pas être classé parmi les travaux pénibles. Les ouvriers travaillent en général à la journée, rarement à leurs pièces ; lorsque les travaux sont actifs, le prix de la journée, pour les ouvriers faits, varie de 4 francs, 4 francs 50 à 6 francs et 8 francs, suivant leur habileté. L'activité de la fabrication est très-variable ; elle suit le sort de toutes les industries qui se rattachent à la consommation de luxe, et qui redoutent les crises financières et politiques ; elle est certainement l'une de celles qui ont été le plus gravement affectées par la stagnation des affaires après la révolution de 1848.

On distingue deux sortes de moulage, en raison du plus ou moins de complication des modèles : le *moulage à plat* ou *uni* et le *moulage à pièces*.

A la première classe appartiennent les moules qui peuvent être formés de deux parties seulement : telles sont les pièces de quincaillerie, les pièces d'ornement peu compliquées, les médaillons, etc. La seconde classe comprend les bustes, les statues, les pièces contournées et à parties rentrantes, qu'il est impossible de mouler en deux parties seulement : dans ce cas, le moule entier est formé de plusieurs *pièces*, que l'on rapporte les unes à côté des autres, et dont l'ensemble formé de deux groupes, fixés chacun sur un châssis distinct, compose le moule complet. Un noyau occupe souvent le centre du moule et laisse entre lui et les parois, qui forment les surfaces extérieures de l'objet, un vide que le métal en fusion vient remplir.

Les matériaux employés pour le moulage sont :

Le *sable*, soit le sable vieux détaché des châssis après la fonte, dont on fait le remplissage, soit le sable neuf ou frais formé d'environ moitié vieux sable et moitié sable frais venant de la carrière, intimement mélangés par une trituration prolongée entre des cylindres de fonte (tout le monde connaît la spécialité du sable quartzeux à grains fins, légèrement argileux, de Fontenay-aux-Roses, près Paris).

Le *poussier* de charbon de bois, poussière très-fine de charbon de bois, mélangé par fraude de quantités plus ou moins considérables de matières étrangères, et particulièrement de houille, qui sert pour empêcher l'adhérence des différentes parties du moule entre elles et avec le modèle.

La *fécule* de pomme de terre blanche ou mieux bise, qui joue exactement le même rôle que le poussier de charbon.

Le *ponsif*, poussière de sable calciné, pulvérisé très-fin, qui sert à saupoudrer, à un certain degré de l'opération, les parties principales du moule, pour le *relever*, c'est-à-dire pour boucher toutes les petites cavités que présente sa surface, et produire sur l'objet moulé des surfaces exemptes autant que possible d'aspérités.

La *farine* de froment bise, dont le rôle est assez difficile à expliquer, qui, saupoudrée sur le moule à la fin de l'opération, passe pour faire mieux couler le métal, donner des surfaces de meilleure apparence et plus faciles à nettoyer.

Le *noir de fumée*, obtenu, dans l'opération qu'on appelle *flambage*, par la combustion de torches de résine sous les moules préalablement desséchés à l'étuve, et qui, dit-on, rend la fonte plus facile à détacher.

L'*huile* que l'ouvrier lance avec sa bouche, sous forme de pluie très-fine, ou qu'il applique avec un pinceau, pour durcir et glacer les parties délicates du moule.

La *cendre* délayée dans l'eau, qu'on applique avec un pinceau, pour soutenir et rendre moins poreuses les parties saillantes et déliées du moule.

L'*eau*, et quelquefois l'*eau* sucrée, qu'on lance avec la bouche, comme l'huile, pour humecter le moule et faire adhérer le ponsif.

Il serait sans utilité pour l'objet de ce mémoire de décrire en détail l'opération du moulage, la succession des différentes parties du travail, les soins que prend l'ouvrier pour conserver les parties fragiles du moule, les tours de main auxquels il a recours pour arriver au résultat final, les outils dont il se sert. Il suffira d'indiquer comment on emploie les matières pulvérulentes, dont l'influence plus ou moins nuisible est l'objet même du travail de la commission, et de faire connaître les remarques que suggère le mode d'emploi pratiqué dans les ateliers.

Les poussières (poussier de charbon, ponsif, farine et fécule), sont renfermées dans des sacs de toile de coton, de 2 décimètres cubes environ de capacité; lorsque l'ouvrier a besoin de saupoudrer de l'une de ces matières une partie quelconque du moule, il saisit de la main droite le sac, noué à la partie supérieure, pince souvent l'un de ses coins inférieurs avec deux doigts de la main gauche, et l'agite par mouvements saccadés, qui font tamiser la poussière à travers le tissu. Le tamisage s'opère sur toute la surface du sac, mais plus particulièrement cependant à la partie inférieure.

Lorsque la poussière est très-légère, elle est soulevée en grande partie en l'air, au lieu de tomber sur le moule, entraînée par les remous d'air que détermine le mouvement des bras de l'ouvrier; elle est entraînée également par les courants d'air que produit la ventilation.

L'emploi du sac, et surtout celui du sac à poussier, qui est de beaucoup plus fréquent, entretient par suite, dans un atelier qui occupe quelquefois vingt à trente ouvriers, accumulés dans un espace comparativement resserré, un nuage de poussière tel, qu'au bout de quelques instants la figure des assistants se noircit d'une manière sensible, et qu'en même temps les produits de l'expectoration deviennent noirs. Le poussier de charbon est presque toujours déposé en grand excès sur le moule; l'ouvrier se sert d'un soufflet pour enlever cet excès, et ne laisser que les particules adhérentes au moule; de là résultent encore de nouveaux nuages de poussière.

Cet effet se produit avec plus ou moins d'intensité, dans les ateliers où l'on travaille au poussier de charbon, suivant que le nombre des ouvriers est plus ou moins considérable, qu'ils prennent plus ou moins de soin pour ne pas incommoder leurs voisins en secouant au delà de ce qui est utile les sacs à poussière, suivant que la ventilation est plus ou moins active et plus ou moins bien dirigée, etc. L'hiver, cet effet devient plus sensible, parce que les ouvriers tiennent les fenêtres ou les châssis vitrés du toit fermés, pour éviter le froid qui les incommoderait ; il s'aggrave encore le soir dans les ateliers où l'éclairage se fait à la chandelle.

Les choses se passent d'une manière tout à fait différente dans les ateliers où l'on emploie la fécule ; dès qu'on y entre, on est frappé du contraste. L'air n'est plus chargé de poussière, on y respire librement, et tout indique que les conditions hygiéniques du travail y ont éprouvé une amélioration radicale.

Il est facile de se rendre compte de ce résultat par les propriétés mêmes de la fécule de pomme de terre. Cette substance est plus lourde que le charbon en poussière ; mais surtout elle est granulée et se compose de parties presque toutes assez fines pour passer à travers le tissu de coton qui forme le sac (le résidu est toujours faible), mais d'une grosseur qui ne varie pas entre des limites très-écartées, comme cela doit au contraire et nécessairement avoir lieu pour une poussière obtenue par un broyage mécanique. En outre, et ce point est essentiel, la fécule ne peut être employée, dans l'intérêt même du succès de l'opération, qu'en très-petite quantité ; l'ouvrier doit avoir la main très-légère, et ne doit secouer le sac à fécule qu'un petit nombre de fois et avec précaution. Il résulte de cet ensemble de faits, que la fécule tombe sur le moule, sans former, comme le charbon et comme le ponsif, un nuage qui s'élève au niveau des organes respiratoires de l'ouvrier et se disperse dans l'atmosphère de l'atelier.

La farine n'est employée que d'une manière assez irrégulière ; son utilité n'est pas bien démontrée ; elle n'est plus en usage dans les ateliers qui travaillent à la fécule. Il serait très-utile que l'on constatât avec soin, si elle est réellement un élément indispensable du moulage, car elle concourt à charger l'atmosphère de poussière.

Le ponsif est indispensable, d'autant plus que l'on s'applique à obtenir plus de perfection dans les objets fabriqués ; on verra plus loin ce qu'il serait possible de faire pour en améliorer l'application.

L'emploi du poussier de charbon a soulevé une question dont la commission a dû se préoccuper. Quelques personnes ont pensé que le poussier livré aux fondeurs n'était pas pur, et qu'il renfermait des poussières siliceuses dont l'absorption par les organes respiratoires pouvait être particulièrement dangereuse.

Quatre échantillons de poussier recueillis, les trois premiers dans des fonderies, et le quatrième chez un fabricant de poussier, ont été analysés au bureau d'essais de l'École des mines ; ils ont donné les résultats suivants :

	No 1.	No.2.	No 3.	No 4.
Eau hygrométrique	0,036	0,032	0,040	»
Matières volatiles par calcination.	0,058	0,152	0.170	0,132
Carbone fixe	0,766	0,670	0,580	0,660
Cendres	0,140	0,146	0,210	0,208
	1,000	1,000	1,000	1,000

Ces résultats, rapprochés des faits observés dans deux ateliers de fabrication de poussière qu'elle a visités, et où elle a vu la pulvérisation de la houille associée à celle du charbon de bois, doivent faire considérer ces poussiers comme formés par un mélange de poussière de charbon de bois avec de la poussière de houille très-terreuse. Les cendres, examinées avec soin, n'ont pas présenté l'apparence d'un mélange de sable proprement dit avec de l'argile ; en effet, si le poussier est sophistiqué par l'addition de matières terreuses, on ne peut pas supposer que les fabricants choisissent pour cela une matière dure et difficile à réduire en poussière extrêmement fine.

L'analyse des cendres provenant des trois premiers échantillons de poussier a donné les résultats suivants :

	No 1.	No 2.	No 3.
Silice	0,357	0,340	0,430
Alumine et traces d'oxyde de fer.	0,107	0,107	0,157
Chaux	0,546	0,551	0,413

Deux échantillons de poussières déposées l'une à 1m,60 au-dessus du sol sur les tablettes d'un atelier, l'autre à 5 mètres environ sur une pièce de charpente, ont donné à l'analyse :

	No 1.	No 2.
Matières volatiles par calcination.	0,338	0,286
Carbone fixe	0,332	0,466
Cendres	0,332	0,248

Ces deux échantillons, recueillis dans des ateliers où l'on avait travaillé pendant un certain temps à la fécule, renferment une notable proportion d'amidon. Cet amidon provient-il de la farine ou de la fécule ? L'analyse n'a pas été poussée assez loin pour que cette question puisse être tranchée ; tout indique cependant que la farine doit y figurer pour une bonne part. Le résultat le plus saillant de ces deux analyses est de montrer que le poussier de charbon est le principal, mais non le seul élément constitutif de la poussière que respirent les ouvriers ; dans beaucoup d'ateliers les fumées de zinc, la poussière de farine, et partout la poussière de ponsif, jouent nécessairement un rôle dans la formation de la poussière qui reste en suspension dans l'air.

Les moules sont passés à l'étuve avant de recevoir le métal en fusion. Cette partie de l'opération s'accomplit dans un espace fermé, chauffé généralement par les gaz provenant de la combustion d'un feu de coke ; elle ne produit aucune poussière, aucune fumée, qui soient de nature à aggraver l'insalubrité de l'atelier.

Il n'en est pas de même de l'opération du flambage, de la fonte des alliages et de la coulée dans les moules. Dans beaucoup de maisons, le flambage se fait dans l'atelier même, ou dans des espaces contigus, sans précautions, de telle sorte que l'atelier se remplit d'une fumée suffocante, dont les ouvriers se plaignent beaucoup. Presque partout, le fourneau qui reçoit les creusets où les alliages sont fondus n'est pas convenablement isolé de l'atelier, ou recouvert par une hotte suffisamment étendue et assez bien disposée pour empêcher les fumées de zinc et de cuivre de se répandre dans l'air que respirent les ouvriers. Souvent même le fourneau est dans l'atelier, et la hotte est trop peu étendue pour que les moules soient recouverts au moment de la coulée ; les fumées métalliques se répandent avec plus d'abondance encore dans l'atmosphère.

DEUXIÈME PARTIE.

De l'influence de la profession de mouleur en bronze sur la santé des ouvriers.

Avant d'entrer dans l'exposé et dans la discussion des faits qui peuvent servir à faire connaître l'influence de la profession de mouleur en bronze sur la santé des ouvriers, nous croyons utile d'indiquer d'une manière exacte comment nous avons procédé dans nos recherches, et de quels éléments se composent les observations que nous avons recueillies. Nous avons reçu en premier lieu communication d'un certain nombre de pièces contenant des renseignements importants sur la question hygiénique qui nous occupe, notamment deux rapports faits au conseil d'hygiène et de salubrité du département de la Seine, par MM. Guérard, Payen et Chevallier ; une courte notice et plusieurs certificats des honorables médecins de la Société de secours mutuels des fondeurs ; une consultation détaillée comprenant une indication nominative succincte des symptômes observés sur vingt-cinq ouvriers, et à laquelle M. le professeur Bouillaud a attaché l'éminente autorité de son nom ; et enfin les registres de la Société de secours mutuels des ouvriers fondeurs en cuivre de la ville de Paris, fondée en 1821, qui nous ont été communiqués par son président, M. Grandpierre, membre du conseil des prud'hommes. En second lieu, dans les visites répétées que nous avons faites d'un grand nombre d'ateliers, ainsi que dans les témoignages contradictoires que la commission a reçus des délégués des patrons et des ouvriers appelés devant elle, nous avons recueilli tous les renseignements et constaté directement par nous-même toutes les circonstances relatives à l'hygiène des fonderies de cuivre. Nous avons étendu nos investigations comparatives, non-seulement aux établissements où l'on emploie exclusivement soit le poussier de charbon, soit la fécule, mais encore aux ateliers spéciaux où se prépare le poussier destiné aux mouleurs. Toutefois ces données eussent été insuffisantes et fussent demeurées stériles, si nous ne les avions complétées par l'examen direct des ouvriers eux-mêmes et de leur état physique. Nous n'avons rien négligé pour que cette partie de notre tâche, la plus délicate, la plus neuve, mais aussi la plus importante, ne laissât rien à désirer. Quarante-quatre mouleurs ont été l'objet d'une exploration médicale approfondie, dans laquelle nous avons été constamment assisté et éclairé par notre savant collègue M. Mêlier. Quelques-uns ont été suivis dans les hôpitaux, où, par suite du décès de l'un d'eux, l'observation a pu s'étendre jusque dans la profondeur des organes et s'éclairer de la plus vive lumière par l'analyse des tissus lésés. Tels sont les éléments sur lesquels a porté notre enquête, et qui, par leur étendue et leur importance, peuvent garantir l'exactitude des résultats que ce mémoire a pour objet de faire connaître.

La question de l'insalubrité du moulage au poussier de charbon n'est pas aussi récente que l'on serait tenté de le croire, et les plaintes des ouvriers n'ont pas attendu, pour éclater, qu'une invention nouvelle fût venue offrir à leur industrie un agent capable de remplacer celui qui, de tout temps, leur avait paru éminemment dangereux pour leur santé. Déjà, en effet, à plusieurs reprises et à une époque déjà éloignée, la profession de mouleur avait été agitée par des crises et des coalitions fondées sur l'insalubrité hautement signalée des procédés qu'elle employait, et assez graves pour avoir entraîné en 1842 un procès correctionnel. Seulement,

2.

il. ne s'agissait pas alors d'obtenir la substitution d'une substance quelconque au poussier ; les ouvriers demandaient une
réduction de deux heures sur la journée de douze heures,
afin de demeurer moins longtemps chaque jour exposés aux
influences d'un travail qui, pour beaucoup d'entre eux, était
la source de maladies sérieuses. Cette coalition avait été précédée de réclamations nombreuses, et l'organe du ministère
public reconnaissait devant la Cour qu'il y avait quelque
chose à faire pour améliorer le sort des ouvriers fondeurs, té-
moignage impartial auquel s'associait la Cour elle-même en
modérant les peines prononcées en première instance. D'un
autre côté, les annuaires de la société de secours mutuels des
fondeurs enregistraient depuis de longues années les effets
pernicieux de leur industrie. Le rapport de 1843 constate
qu'en dix années la société, qui comptait de soixante à cent
membres, a payé 20,123 francs pour journées de malades, et
renferme cette remarque importante, que « les fondeurs en
cuivre n'admettent dans leur société que des hommes de leur
profession, parce qu'ils sont tous dans les mêmes conditions
et que leurs maladies sont les mêmes : l'asthme, le catarrhe,
et toutes les affections de poitrine. » Enfin, nous aurons occasion de citer des faits relatifs à des cas de maladies pulmo-
naires mal caractérisées, observés anciennement chez des
mouleurs en cuivre, faits épars dans les auteurs, et dont la
signification est d'autant plus grande qu'ils ont été recueillis
par des observateurs consciencieux à un point de vue tout
autre que celui qui nous occupe. Si nous rappelons ces circonstances, c'est qu'il nous a semblé qu'elles étaient de nature
à faire apprécier le véritable caractère des réclamations des
ouvriers fondeurs et à démontrer qu'elles sont sérieuses et
sincères, et ne peuvent être attribuées à des exigences nées
d'un engouement passager ou de prétentions intéressées.

Si nous récapitulons sommairement, pour en mieux juger
l'influence, les conditions dans lesquelles s'opère le travail des
mouleurs, nous voyons qu'ils sont le plus ordinairement

réunis dans des ateliers souvent trop peu spacieux eu égard au nombre des ouvriers, debout devant des établis pressés les uns contre les autres, exposés à la fois aux poussières diverses employées dans les différentes opérations du moulage, poussier de charbon, ponsif sableux, farine impure ; et aux fumées qu'exhalent les fourneaux de la fonderie et les métaux en fusion, les torches résineuses employées au flambage des moules, et en hiver les chandelles qui éclairent chaque travailleur, là où ce mode d'éclairage n'est pas encore remplacé par le gaz. L'atmosphère des ateliers où l'on se sert exclusivement de charbon est chargée d'une poussière fine et pénétrante qui enveloppe l'ouvrier comme d'un nuage et se répand de l'un à l'autre. Il suffit d'y entrer pour être en un instant couvert de cette poussière noire qui s'insinue dans les narines, dans les yeux, et s'incruste dans la peau. Ceux qui y séjournent conservent une coloration que les soins de propreté les plus minutieux pourraient seuls faire disparaître. Mais ces inconvénients ne sont rien auprès de la gêne et du malaise qui se font sentir dans les fonctions respiratoires, et qui, par leur continuité, peuvent enfanter les désordres et les maladies que nous allons avoir à décrire. Mais en faisant même abstraction de ces conséquences plus graves, la gêne est assez marquée pour forcer les ouvriers mouleurs à des interruptions de travail qui, dans la plupart des ateliers, ont passé à l'état de dispositions réglementaires et sont fixées ainsi qu'il suit : une heure pour chaque repas, de neuf heures à dix heures et de deux heures à trois heures ; et, en outre, cinq minutes de repos : à sept heures, à midi et à cinq heures. Dans les établissements où les ouvriers ne font qu'un seul repas à midi, ils suspendent leur travail à neuf heures pendant un quart d'heure. Pour ce qui est des mœurs et des habitudes des ouvriers mouleurs en cuivre, nous ne contestons pas l'intérêt qu'il pourrait y avoir à les connaître ; mais sans parler des difficultés de tout genre que rencontrent des appréciations de cette nature, et de la défiance qu'elles nous semblent en gé-

néral devoir inspirer, nous nous contenterons de dire que
dans le jugement que nous avons eu à porter sur les cas pa-
thologiques offerts à notre observation, nous avons cherché à
nous mettre en garde contre les effets de l'intempérance et de
la débauche.

Quoi qu'il en soit, en tenant compte de ces influences, il en
est d'autres permanentes et générales, dont l'action s'exerce
d'une manière continue sur tous les hommes placés dans les
conditions que nous venons d'indiquer, et que nous sommes
maintenant en mesure d'étudier. Nous avons dit déjà que nos
explorations personnelles avaient eu lieu sur quarante-quatre
mouleurs ; à ces cas nous pouvons en ajouter sept qui, parmi
les vingt-cinq compris dans la consultation de MM. Escoffier
et Bouillaud, ne se sont pas présentés à nous, et deux empruntés à des observateurs dont le nom seul est une garantie
de savoir et d'expérience, MM. Monneret et Rilliet de Genève.
C'est d'après ce total de cinquante-trois observations que nous
allons essayer de tracer le tableau des troubles qui surviennent dans la santé des ouvriers mouleurs en cuivre et qui
peuvent abréger leur vie, en faisant remarquer, toutefois, que
si ce nombre est assez considérable pour servir de base à une
description exacte, il ne saurait en aucune façon avoir une
valeur statistique et permettre de calculer la proportion des
ouvriers mouleurs atteints d'accidents professionnels. En
effet, nous tenons pour certain que leur nombre dépasse de
beaucoup ce chiffre restreint, et que si nous avions pu passer
en quelque sorte une revue générale des deux mille ouvriers
qu'emploie cette industrie, nous aurions vu se confirmer d'une
manière éclatante cette parole expressive échappée à l'un
des patrons les plus obstinés dans l'emploi exclusif du charbon : « *Dans notre profession, nous sommes tous un peu
poussifs.* »

Les influences pernicieuses auxquelles sont exposés les mouleurs en cuivre n'agissent pas toujours également vite ni avec
une égale intensité, et la résistance que leur oppose chaque

ouvrier est plus ou moins complète et plus ou moins prolongée. Dans tous les cas, et à l'encontre de ce que l'on observe dans certaines professions où l'apprentissage est plus
rude, et, si l'on peut ainsi dire, l'acclimatement plus péril-
leux, c'est avec lenteur, et souvent après un temps tres-long,
que cette action se fait sentir. Ce n'est pas toutefois que, dès
les commencements, la plupart des ouvriers ne se plaignent
de certains malaises ; mais les accidents sérieux, l'état de maladie véritable, ne se prononcent qu'après plusieurs années.
Nous avons noté avec soin l'époque à laquelle ont paru les
premiers troubles notables de la santé chez les ouvriers
soumis à notre observation, et nous avons trouvé que pour
quarante-trois qui nous ont fourni des renseignements précis
à cet égard, cinq ont assez bien résisté pendant trente à trente
et un ans ; six de vingt et un à vingt-sept ans ; vingt-deux
pendant dix à dix-huit ans, et dix de un à huit ans seulement.
C'est donc en général après plus de dix ans d'exercice de
leur profession que les ouvriers mouleurs en éprouvent les
fâcheux effets ; c'est lorsque l'âge arrive, et cette circonstance
explique comment notre examen a porté principalement sur
des ouvriers déjà assez avancés dans la vie et travaillant depuis un grand nombre d'années. Sur ces deux points, les cinquante-trois cas que nous avons rassemblés se sont répartis
de la manière suivante :

Age...................... de 20 à 30 ans..   2 cas.
                              30 à 40......   16
                              40 à 50......   22
                              50 à 60......   21
                              60 à 65......   2

Durée d'exercice de la profession.   4 ans..   1 cas.
                              10 à 20......   8
                              20 à 30......   16
                              30 à 40......   17
                              40 à 45......   2
                              Non indiquée.   9

Il résulte donc manifestement de ces premières données, que les accidents surviennent d'une manière lente et graduelle, et par l'effet continu plus encore que par l'énergie de la cause qui les produit.

Dans le principe, les ouvriers mouleurs ressentent seulement, vers la fin de la journée et après le travail, une fatigue excessive et qui n'est nullement en rapport avec la dépense très-modérée de force musculaire qu'exigent les opérations du moulage. Mais cette fatigue cède facilement à la cessation du travail, et le repos de la nuit suffit à la dissiper complétement. Plus tard, et à une époque qui varie suivant des dispositions individuelles qu'il est impossible de méconnaître, et parmi lesquelles il convient de mentionner spécialement une mauvaise constitution héréditaire, l'état de santé antérieur et des habitudes d'intempérance, les accidents acquièrent à la fois plus de persistance et un caractère plus particulier. Dans la dernière moitié de la journée de travail, l'ouvrier éprouve une sensation pénible d'étouffement qui augmente jusqu'au moment où il sort de l'atelier, et qui, à un degré plus avancé, rend la marche pénible au retour et se prolonge assez avant dans la soirée pour le contraindre à retarder et souvent même à supprimer complétement son dernier repas. Nous tenons d'un certain nombre de mouleurs qu'ils sont dans l'impossibilité absolue de prendre le soir aucun aliment solide, et qu'ils doivent se contenter d'une boisson chaude telle que du thé ou du lait.

A cette fatigue quotidienne, à ces étouffements passagers, succèdent bientôt une gêne habituelle de la respiration et de la toux revenant par quintes fréquentes. Dès ce moment l'état de maladie est confirmé; quelques circonstances qu'il importe de mentionner peuvent en hâter le développement. Ainsi c'est principalement dans la saison froide, lorsque les ateliers restent constamment fermés et remplis de poussière, et lorsque d'un autre côté l'abaissement de la température extérieure favorise l'apparition des affections catarrhales, des rhumes, que l'on voit les ouvriers fondeurs supporter plus difficilement leur travail ; il n'est même pas rare que ce soit à la suite d'une fluxion de poitrine accidentelle ou d'une inflammation aiguë des bronches ou des enveloppes du poumon qu'apparaissent pour la première fois ces troubles de la santé qui se reproduiront plus tard à des intervalles de plus en plus rapprochés ou s'établiront en quelque sorte en permanence. Dans d'autres cas, ceux-ci succèdent brusquement à une circonstance toute fortuite ; ainsi nous avons vu un ouvrier qui, ayant failli être asphyxié par une charge de poussier de charbon qui avait fait effondrer le plafond d'un atelier, commença à souffrir seulement depuis cette époque. Quel que soit d'ailleurs le mode de début, et comme le disait un ouvrier dans un langage bien fait pour frapper les esprits les plus prévenus : *Quand le poussier s'attache à un homme,* il demeure en proie à ces accidents caractéristiques que nous avons constatés et qui ont motivé les plaintes réitérées des mouleurs. Constamment identiques dans leur nature et dans leur forme, ces accidents ne diffèrent que par l'intensité, et l'on peut, à cet égard, en admettre trois degrés proportionnés à la durée et à la violence du mal, et entre lesquels nos observations se partagent ainsi qu'il suit : six pour le premier, vingt-cinq pour le second, et douze pour le troisième.

Premier degré de la maladie des mouleurs. — Dans la première catégorie se rangent les hommes à qui leur bonne constitution a permis de résister plus énergiquement et plus longtemps à l'insalubrité de la profession. Ils n'accusent pas d'autres souffrances que de l'étouffement rarement porté au point d'interrompre le travail, mais marqué surtout le soir ; une difficulté de marcher, même pour une course peu longue, à la fin de la journée, et une impossibilité plus ou moins complète de souper ; à ces symptômes s'ajoutent de temps à autre de la toux, principalement en hiver, et des rhumes de cerveau assez fréquents. Ils n'ont jamais de crachements de sang, mais seulement une expectoration de matière noire, sur laquelle nous aurons lieu de revenir. La poitrine est en général bien conformée, sauf une légère voussure. La respiration est un peu courte et haute, mais à peu près normale. Cependant, par l'auscultation, on constate dans certains points un peu de faiblesse du bruit respiratoire, et une inégalité, parfois même une absence presque complète de l'expansion pulmonaire, accompagnée d'un retentissement exagéré de la voix. Il n'existe aucun trouble du côté du cœur. Cet état est jusqu'à un certain point compatible avec la santé; il n'entraîne qu'à de longs intervalles un repos de deux ou trois jours, et n'exige de la part des ouvriers que quelques précautions après la journée de travail; mais il constitue un premier pas et comme un acheminement vers des désordres plus graves.

Deuxième degré. — Dans ce second degré, en effet, les signes sont à la fois plus tranchés et plus caractéristiques. La physionomie et l'aspect extérieur portent déjà la trace d'une souffrance habituelle, les traits sont altérés, le teint pâle et plombé, la démarche lente et pénible. Les ouvriers atteints de la sorte sont tourmentés par une oppression et un essoufflement presque continuels qui leur interdisent tout mouvement violent et les contraignent à faire plusieurs haltes en retournant chez eux au sortir de l'atelier. Leur respiration très-courte, haute et suspirieuse, n'a lieu que par un effort qui met en jeu toute l'énergie des muscles élévateurs de la poitrine. La cage thoracique semble se mouvoir tout d'une pièce, de bas en haut, par une contraction brusque et laborieuse. Il résulte de ce mécanisme une conformation tout à fait caractéristique du thorax et du cou. Les muscles des régions sus-claviculaires, extraordinairement développés, forment une saillie considérable, à laquelle s'ajoute la dilatation des veines jugulaires. Quant à la poitrine, elle offre une voussure très-prononcée, tantôt générale, tantôt bornée à la partie antérieure, et plus souvent à la partie postérieure et à l'un des côtés de la poitrine. Des troubles fonctionnels graves et persistants répondent à ces vices extérieurs de conformation.

Les hommes accusent une constriction parfois très-douloureuse à la base de la poitrine. Ils toussent pour la plupart, les uns sans discontinuer pendant toute la durée de leur séjour dans l'atelier, les autres par quintes extrêmement pénibles qui vont jusqu'à provoquer des nausées et même des vomissements, et qui troublent souvent le repos de leurs nuits. Cette toux s'accompagne assez fréquemment de crachements de sang, et dans tous les cas, d'expectoration de mucosités épaisses, visqueuses, au milieu desquelles sont expulsées des masses de matière noire pulvérulente, plus ou moins agglomérée. Les résultats fournis par l'auscultation et par la percussion ne sont pas moins caractéristiques. La poitrine donne, dans certains points, une sonorité exagérée ; dans d'autres, au contraire, une matité presque absolue et une dureté toute particulière En même temps, on reconnaît facilement que l'accès de l'air ne se fait dans les poumons que d'une manière très-incomplète. La faiblesse, l'inégalité, l'absence même du bruit respiratoire dans un grand nombre de points, parfois même dans tout un côté de la poitrine, contrastent avec l'énergie des mouvements inspirateurs, et, contrairement à ce que l'on observe dans la lésion que l'on rencontre le plus ordinairement chez les asthmatiques, c'est dans les points où la respiration se fait le moins entendre que la sonorité de la poitrine est le plus affaiblie. La voix donne lieu à une résonnance très-exagérée sans modification de timbre ; enfin, l'existence d'une inflammation catarrhale chronique des bronches se révèle dans un assez grand nombre de cas par des râles muqueux plus ou moins considérables et une sibilance plus ou moins étendue dans les voies aériennes.

A ces troubles des fonctions respiratoires viennent quelquefois s'ajouter comme complication des affections organiques du cœur, et spécialement une hypertrophie, des palpitations incommodes, et par suite l'enflure des extrémités et un embarras général de la circulation veineuse. Dans des cas plus rares, c'est principalement du côté des fonctions diges-

3

tives que les accidents se font sentir. Non-seulement l'appétit
est profondément troublé et en quelque sorte étouffé chaque
soir par la fatigue de la journée passée au sein de l'atelier,
non-seulement l'estomac est soulevé par les nausées que pro-
voque la violence des quintes de toux, mais chez quelques
individus prédisposés et peut-être sous l'influence d'un usage
peu modéré des boissons alcooliques, les vomissements sont
fréquents, surtout le soir, quand ils se forcent pour manger,
parfois même presque continuels, tout à fait indépendants de
la toux, et formés d'uneespèce de pituite glaireuse très-abondante.

On comprend qu'un tel état de maladie s'oppose à tout
travail soutenu et contraigne l'ouvrier à des interruptions
répétées et parfois très-prolongées. Il en est qui sont forcés
de rester plusieurs mois éloignés de l'atelier, de suspendre par
exemple tous les hivers. Quelques-uns en sont réduits à ne
faire que des demi-journées, des quarts de journée, et même
pendant la belle saison c'est à peine s'ils peuvent, comme ils
disent, *arracher leur journée* tout entière. Du reste, la cessation du travail et l'éloignement de l'atelier suffisent en général, sinon pour faire disparaître complétement, du moins
pour atténuer les accidents. Si la respiration reste toujours
courte, et si la tendance à l'essoufflement persiste, on voit
peu à peu l'oppression céder au repos, les efforts d'inspiration devenir moins pénibles et même l'air pénétrer plus librement et plus avant dans les voies respiratoires. C'est ce qu'il
a été facile de constater sur plusieurs individus mis en traitement et soumis à une observation suivie dans notre service à
l'hôpital la Riboisière.

Mais il est une particularité bien plus remarquable encore,
et qui, dans la question spéciale qui nous occupe, acquiert
une valeur singulière et semble véritablement décisive. Parmi
les symptômes qui survivent à la suspension du travail et ré-
sistent à un repos même prolongé, l'un des plus caractéristiques, l'expectoration de matières noires, continue à se mon-

trer non pas seulement pendant les premiers jours, mais même plusieurs semaines, plusieurs mois et jusqu'à plusieurs années après la cessation absolue de tout travail et de toute fréquentation des ateliers de moulage. Dans vingt-quatre cas nous avons noté ce fait considérable que nous avons vérifié personnellement sur six ouvriers malades : les crachats noirs ont persisté depuis deux, trois et six mois jusqu'à un an, deux, trois et six ans, soit après la suppression momentanée de l'emploi du poussier de charbon dans la confection des moules, soit après des chômages complets, soit enfin après un changement définitif de profession. Dans ces cas dont, en présence de témoignages unanimes, en présence d'observations positives et directes, il est impossible de révoquer en doute la parfaite authenticité, l'expectoration de matières charbonneuses n'a pas lieu constamment, mais de loin en loin, le matin, surtout après des quintes de toux répétées : il semble qu'il se détache du fond de la poitrine, et qu'un violent effort expulse au dehors une masse de charbon dense et noire entourée d'une couche plus ou moins épaisse de matière tantôt blanche, opaque, albumineuse, tantôt muqueuse ou manifestement purulente. Cette espèce d'élimination a lieu d'ailleurs, non-seulement dans le degré que nous venons de décrire, mais avec plus de constance encore dans les formes plus graves et les périodes ultimes de la maladie.

Beaucoup d'ouvriers mouleurs renoncent à leur profession avant l'âge, et contraints par l'aggravation des maux auxquels leur constitution n'a pas pu résister. Mais il en est un trop grand nombre qui emportent avec eux une infirmité incurable, et chez lesquels les acccidents ont pris un caractère de gravité tel, qu'ils peuvent les entraîner prématurément au tombeau. Ce dernier degré s'est offert à notre observation, ainsi que nous l'avons dit, dans douze des cas que nous avons recueillis, dont trois se sont terminés par la mort.

Troisième degré. — Les symptômes présentés par les malades de cette catégorie ne diffèrent guère de ceux que nous

venons d'exposer que par leur plus grande intensité. La face
est livide, et une coloration bleuâtre s'étend sur les lèvres. La
difficulté de respirer est extrême et non interrompue, la voix
est brève. Des douleurs vives se font sentir dans la poitrine,
et principalement à la base. L'amaigrissement du tronc et des
membres forme un contraste frappant avec le développement
exagéré des muscles inspirateurs du cou. Le creux sus-clavi-
culaire est comblé, et les veines y dessinent une volumineuse
ampoule qui se gonfle à chaque inspiration. Le thorax est dé-
formé par une voussure énorme, soit générale, soit partielle.
Chez quelques-uns, la toux est incessante ; chez tous, elle a
été précédée de crachements de sang répétés, et donne lieu à
une expectoration très-abondante de matières noires et puriformes. Dans les cas exempts de complication, la percussion
donne un son complétement mat et n'accuse pas la moindre
élasticité dans toute l'étendue de la poitrine, où l'oreille n'entend pas le moindre murmure vésiculaire, mais seulement
une très-forte résonnance de la voix et une extrême rudesse
du bruit respiratoire là où il est encore perceptible. Il paraît
néanmoins évident que l'on peut, en outre, constater les
signes, soit d'une bronchite chronique, soit d'une induration
pulmonaire, et notamment du souffle bronchique et de la
bronchophonie, dans les points où la matité est le plus marquée. Ces caractères s'expliquent, d'ailleurs, facilement par
ce fait, qu'à diverses reprises, dans le cours de leur existence,
les malades ont presque inévitablement été affectés de maladies aiguës inflammatoires des poumons ou de leurs enveloppes. C'est ainsi que tout concourt à rendre plus profond le
trouble des fonctions respiratoires. Des accès de suffocation,
survenant à des intervalles de plus en plus rapprochés, augmentent encore les souffrances des malades ; la circulation
est entravée, les battements du cœur sont tumultueux et
sourds ; le pouls petit, dur et serré ; la face bouffie et les extrémités enflées. Il n'est sans doute pas nécessaire de dire
que, parvenu à ce degré, le mal ne laisse que de courts mo-

ments de relâche, et ne permet plus l'exercice même intermittent de la profession. Aussi voit-on des hommes infirmes avant l'âge se traîner d'atelier en atelier, et trouver à grande peine les ressources de quelques heures de travail qui seraient loin de suffire à leurs besoins sans l'appui de l'assistance publique et de la société de secours mutuels des fondeurs, qui, depuis plus de trente ans, s'efforce avec un zèle si louable de soutenir ses nombreux invalides.

Étude anatomique et chimique des altérations des poumons observées chez les mouleurs. — Les lésions que l'on a découvertes dans les organes des ouvriers mouleurs morts dans de semblables conditions méritent une attention toute particulière, car elles sont de nature à jeter un grand jour sur l'origine même du mal. En effet, les trois cas dans lesquels l'examen cadavérique a eu lieu, quoique recueillis à des époques et à des points de vue très-différents, offrent entre eux une telle analogie, qu'il est permis de considérer les altérations dont ils ont révélé l'existence comme un caractère constant et véritablement pathognomonique de l'affection qui atteint les mouleurs en cuivre. Un de ces ouvriers étant décédé tout récemment dans le service de M. le docteur Pidoux, à l'hôpital la Riboisière, nous avons pu procéder à l'autopsie cadavérique, et les poumons, mis sous les yeux de la commission, ont été l'objet d'une étude approfondie, qui ne laissera, nous l'espérons, aucun doute sur la véritable nature des altérations dont ces organes étaient le siége.

Les poumons, recouverts de fausses membranes assez épaisses, présentent à leur surface et dans toute leur étendue de larges taches noires qui leur donnent un aspect marbre, et dont les dimensions varient de la largeur d'une pièce de cinquante centimes à celle d'une pièce de cinq francs et plus. Le tissu de l'organe est dense, résistant, et offre à la coupe des masses noires plus ou moins volumineuses, formées par une matière sèche, très-légèrement granuleuse, amorphe, non enkystée, et déposée dans l'épaisseur même du paren-

3.

chyme, qui, à l'entour, semble dans certains points parfaitement sain, et dans d'autres manifestement induré. L'examen
microscopique permet de reconnaître que les derniers ramuscules bronchiques sont altérés par ce dépôt. Les divisions su-
périeures des voies aériennes sont dilatées et présentent une
coloration rouge livide et noirâtre de la membrane muqueuse. Il existe dans quelques parties de l'emphysème ; mais
cette lésion est loin d'être générale et dominante. Les poumons, mis en macération dans l'eau, ne cèdent que très-len-
tement et en très-petite quantité la matière noire agglomérée
dans leur intérieur ; mais pour peu qu'on écrase ces noyaux,
on obtient un détritus qui tache fortement en noir les doigts,
le papier et le linge. La putréfaction, en décomposant la trame
organique, donne le même résultat. Dans deux des cas dont
nous parlons, il existait en même temps des tubercules qui
formaient, dans l'un une excavation assez vaste, dans l'autre
plusieurs petites cavernes dont le nombre et la dimension ne
pouvaient être comparés avec les innombrables et volumineux
noyaux disséminés dans les deux poumons, et dont les parois
étaient d'ailleurs infiltrées de la même matière noire. Mais
dans le troisième cas, dû à M. Monneret, les poumons ne présentaient pas d'autres altérations que le dépôt de matière
noire, l'induration partielle du tissu propre et l'oblitération
des bronches dans leurs derniers ramuscules. Dans aucune de
ces observations, le cœur ni les autres organes ne présentaient
de lésion notable.

Quelque tranchés que fussent les caractères physiques de
cette matière étrangère amassée dans les poumons de trois
ouvriers exposés pendant leur vie à la poussière du charbon,
il importait de ne laisser aucune place au doute, et de constater la nature du dépôt chimiquement et de la manière la
plus complète. Un semblable examen avait été déjà entrepris
anciennement par M. Lecanu, au sujet du fait observé par
M. le docteur Rilliet. Dans le cas qui nous est propre, des analyses comparatives ont été faites à la fois par M. Grassi, phar-

macien en chef de l'hôpital la Riboisière ; par M. O. Henry, chef des travaux chimiques de l'Académie impériale de médecine ; par M. le docteur Leconte, professeur agrégé à la Faculté de médecine, et par M. Magendie, et enfin par l'illustre M. Chevreul, membre de la commission d'enquête. Les résultats parfaitement concordants de ces diverses analyses ne permettent pas d'hésiter sur la nature de la matière noire trouvée dans les poumons. Nous nous contenterons de donner ici un résumé succinct des expériences de M. Chevreul, nous réservant de consigner dans les observations annexées à ce mémoire les recherches si dignes d'intérêt des savants que nous venons de citer.

Un morceau de poumon noir, trituré dans un mortier de porcelaine avec de l'eau distillée, a donné un liquide chargé d'une matière brune que l'on a séparée par décantation. Cette opération a été réitérée un grand nombre de fois. L'eau décantée, rendue visqueuse par de la matière animale, dépose une matière noire très-divisée. Celle-ci est lavée un grand nombre de fois. Lorsque l'eau paraît ne plus rien enlever, on la traite par l'alcool; elle cède des matières grasses. Enfin on la soumet à l'action de l'eau de potasse bouillante. Celle-ci se colore assez fortement; ce qui prouve que malgré les lavages à l'eau et à l'alcool, la matière noire retenait une quantité notable de matière organique : résultat parfaitement conforme aux anciennes observations de M. Chevreul, relatives aux affinités capillaires des corps solides très-divisés, et notamment du charbon pour des matières solubles, et en particulier pour des matières d'origine organique. On obtient enfin une matière noire, pulvérulente, qui offre au microscope toutes les propriétés physiques de la poussière de charbon. Cependant, malgré les opérations précédentes, elle retient encore de la matière organique.

Cette matière noire, chauffée au-dessous du rouge, exhale une odeur provenant de la matière organique; elle brûle à une température un peu plus élevée à la manière non d'un charbon animal, mais à la manière du charbon végétal. Il est inutile de dire que l'on constate la nature carbonique du produit gazeux de la combustion. La matière noire laissa 18,4 parties de cendre pour 100 parties ; cette cendre renferme des phosphates, de la chaux et de la silice non sableuse très-divisée.

Quant au tissu du poumon qui a été trituré avec l'eau et qui a cessé de donner au liquide une quantité notable de matière noire, on reconnaît, en l'examinant au microscope, que la partie noire a pénétré très-avant dans le tissu, non qu'elle ait été absorbée ; mais certaines parties paraissent avoir été enveloppées par une matière qui a été sécrétée après que le charbon a été déposé sur le tissu.

Ces expériences si décisives démontrent de la manière la plus péremptoire la nature réelle de la matière noire trouvée dans le poumon des mouleurs en cuivre , et qui n'était autre que de la poussière très-divisée de *charbon végétal*, et non pas même une poussière complexe comme celle que l'on peut recueillir dans les ateliers de moulage.

TROISIÈME PARTIE.

Examen et appréciation des diverses influences qui peuvent agir sur la santé des ouvriers mouleurs.

En présence des faits nombreux que nous avons analysés dans la deuxième partie de ce travail, il paraîtra sans doute impossible de ne pas admettre qu'il existe chez les ouvriers fondeurs en cuivre, travaillant d'après l'ancien système au poussier de charbon, une maladie toute spéciale, essentiellement professionnelle, et que l'on pourrait justement appeler, indépendamment de toute idée théorique relative à la cause qui la produit, *la maladie des mouleurs ;* affection née des conditions mêmes dans lesquelles s'exerce leur travail, qui, s'aggravant par la continuité même de cette influence, peut aller jusqu'à déterminer une infirmité des plus graves et même la mort, et qui serait caractérisée anatomiquement par le dépôt d'une grande quantité de poussière de charbon dans les poumons et l'obstruction consécutive des voies aériennes.

Ce fait une fois établi, et sur des preuves qui nous paraissent irrécusables, il nous reste à en apprécier la signification, à en rechercher la cause réelle, et à déterminer si les accidents observés chez les mouleurs doivent être légitimement attribués à l'action exclusive ou prédominante du poussier de charbon. Nous terminerons, en examinant la question de savoir quelle modification pourrait apporter dans cet état de choses, spécialement au point de vue de l'hygiène, la substitution de la fécule de pomme de terre au poussier. Bien qu'il semble au premier abord très-difficile d'attribuer la lésion si nettement caractérisée qui se rencontre dans les poumons des ouvriers mouleurs à une autre cause qu'au poussier de charbon, cette explication a été combattue par diverses objections qu'il importe de discuter.

On s'est fondé principalement sur l'innocuité du charbon et sur la prétendue immunité dont jouiraient les charbonniers et les mineurs, pour contester au poussier qu'emploient les fondeurs en cuivre toute action nuisible. Sur le premier point il est facile de montrer qu'il ne s'agit nullement des propriétés du charbon en lui-même, et que comparer l'usage que peut faire la médecine de cette substance administrée même à haute dose à l'intérieur avec les effets mécaniques d'une poussière déposée dans les voies respiratoires, c'est rapprocher deux choses absolument différentes, et qui n'ont pas entre elles le moindre rapport. Quant au second point, il est plus spécieux et mérite une plus sérieuse attention. Mais là encore il faut prendre garde de ne pas se laisser abuser par une analogie plus apparente que réelle. En effet, lors même qu'il serait établi par une enquête aussi rigoureuse et aussi complète que celle dont les ouvriers mouleurs ont été l'objet, que la profession de charbonnier n'expose à aucun des accidents observés dans les ateliers de moulage, ce qui n'a jamais été fait, il y aurait encore à marquer les différences nombreuses et capitales qui séparent les deux industries. Quoi de moins comparable, par exemple, que le genre de vie actif, le séjour à l'air libre des charbonniers et le travail sédentaire des mouleurs plongés pendant douze heures de suite dans l'atmosphère viciée d'ateliers étroits et enfumés? Quoi de plus dissemblable que l'état sous lequel le charbon s'offre dans les deux cas, dans l'un sous forme de fragments plus ou moins volumineux ou de poudre grossière, dans l'autre en poussière extrêmement ténue, presque impalpable, et s'introduisant dans les poumons avec l'air au sein duquel elle reste suspendue? Ce sont là sans doute des circonstances dont on ne saurait se dispenser de tenir compte. Mais il est une réfutation plus péremptoire encore de cette objection, c'est que cette immunité n'existe ni pour les charbonniers, ni surtout pour les ouvriers des mines de houille.

Les premiers sont certainement placés dans des conditions plus favorables. Cependant M. le docteur Béhier a communiqué, il y a longtemps déjà, à M. le professeur Andral qui l'a publiée, une observation extrêmement intéressante d'altération des poumons en tout semblable à celle que nous avons décrite recueillie chez un Auvergnat, exerçant à Paris depuis vingt-deux ans la profession de charbonnier. Il est à notre connaissance que M. Barth en a rencontré plusieurs exemples, et nous tenons de M. le docteur Amédée Latour, que Dance en citait dans ses leçons cliniques. La Commission, qui comprenait l'importance de cette étude comparative des différentes professions exposées aux poussières de charbon, a voulu s'assurer par elle-même de l'état hygiénique des ouvriers employés spécialement à la fabrication du poussier destiné au mouleur. Dans l'un des ateliers qu'elle a visités, le broyage a lieu à sec dans une pièce hermétiquement close, par une meule verticale mue par la vapeur et surveil-

lée par deux ouvriers, deux frères qui restent la plus grande
partie du jour dans cette atmosphère saturée de poussière
de charbon. Examinés avec soin l'un et l'autre, ils n'ont présenté qu'une respiration un peu haute sans trouble notable ;
mais il importe de faire remarquer qu'ils ne sont occupés à
ce travail, d'ailleurs fort peu pénible, que depuis moins de
deux ans, espace de temps beaucoup trop court pour que les
accidents qu'il est permis d'attribuer au poussier aient pu se
développer. Dans un autre atelier beaucoup plus considérable
et qui alimente la plus grande partie des fondeurs de Paris,
le charbon, après avoir été écrasé à sec, à l'air libre, dans un
moulin, est pulvérisé sous l'eau, et le produit est séché à l'é-
tuve, de telle sorte que, contre les prévisions les plus naturelles, il n'existe dans l'intérieur de l'établissement aucune
poussière qui permette de rapprocher au point de vue de la
salubrité cette industrie qui fabrique le produit réputé nuisible, de celle qui le met en œuvre.

Quant aux mineurs, pour admettre qu'ils soient exempts
de toute affection imputable à la poussière de charbon, il fau-
drait laisser complétement en oubli des faits nombreux, au-
thentiquement constatés et dès longtemps connus, qui offrent
avec la maladie des mouleurs la plus frappante et la plus décisive analogie.

L'enquête officielle entreprise, il y a quelques années, dans
la Grande-Bretagne, *sur les conditions physiques et morales
des enfants et des jeunes gens employés dans les mines,* nous
fournit à cet égard des renseignements trop importants pour
que nous ne leur donnions pas place dans ce rapport. Les
mineurs, est-il dit dans un grand nombre de passages des
procès-verbaux de l'enquête, sont presque tous asthmatiques
dès l'âge de trente ans ; bien avant cet âge, ils ont la respiration gênée. Cette maladie, que les médecins attachés aux
mines attribuent sans hésiter à la poussière de charbon,
oblige souvent les ouvriers à interrompre momentanément
leur travail. L'apparition de l'asthme est souvent précédée

d'inflammations aiguës des poumons et de la plèvre, et aussi de bronchites chroniques. Il s'accompagne d'une toux fréquente et d'une expectoration composée en grande partie de mucosités spumeuses et jaunâtres contenant parfois des particules charbonneuses. Une autre maladie à laquelle sont sujets les mineurs est le *black-spittle* (crachement noir) qui entraîne souvent la mort de ceux qui en sont affectés, et dans laquelle le tissu des poumons est infiltré de matières charbonneuses. Les individus qui sont employés dans les mines de charbon ont en général peu d'appétit, sont sujets aux nausées et vomissent souvent leurs aliments. Les mineurs vieillissent vite. La plupart d'entre eux sont incapables de travailler après quarante ans. A cinquante ans ils paraissent aussi vieux et aussi usés que d'autres ouvriers à quatre-vingts. Il est rare d'ailleurs de les voir atteindre leur cinquante-cinquième année.

Cette maladie des mineurs dont, en faisant la part des conditions toutes spéciales de leur travail, on ne saurait apparemment nier la frappante identité avec celle des mouleurs en cuivre, a été depuis plus de vingt ans l'objet d'observations nombreuses de la part des médecins les plus éclairés de la Grande-Bretagne. Marshall, Thomson, Graham, Gregory en ont décrit avec une rare exactitude les symptômes et les lésions qui concordent de la manière la plus parfaite avec les faits que nous avons observés nous-mêmes. L'oppression, la toux, l'expectoration noire et purulente, le dépérissement, les poumons transformés en masses noires et infiltrés d'une matière que le savant Christison a reconnue par l'analyse chimique pour du charbon : tels sont les caractères constants observés de l'autre côté de la Manche comme chez nous dans cette maladie que le docteur Stratton désignait justement sous le nom d'*anthracosis*. Après une démonstration si positive, peut-on considérer comme exempte de danger l'inspiration des poussières de charbon et le séjour habituel dans une atmosphère qui en est chargée, et doit-on s'étonner d'entendre attribuer au poussier les accidents dont se plaignent avec tant d'insistance les ouvriers mouleurs en cuivre?

Ces accidents pourtant, les partisans du moulage au poussier ont cherché à les expliquer tour à tour par des causes diverses et complexes, les habitudes d'intempérance des ouvriers, l'action de la fumée des fonderies ou des vapeurs métalliques, l'effet des poussières autres que le charbon, telles que le ponsif, le sable, la farine. Il était de notre devoir de prendre en très-sérieuse considération ces différentes interprétations et de ne rien négliger pour en apprécier la valeur.

Mais auparavant il est une circonstance que nous devons examiner avec soin, afin de juger jusqu'à quel point elle aurait pu influer sur la production des maladies que nous avons observées chez les mouleurs. Nous voulons parler de l'hérédité. Nous nous sommes enquis, avec le plus grand soin, des antécédents que présentait à cet égard chacun de ceux que nous avons examinés. Et c'est à peine si sur le nombre total nous en avons trouvé trois ou quatre dont les parents eussent succombé à des affections de poitrine. Et encore dans l'un de ces cas, il s'agissait du fils d'un fondeur mort lui-même de la maladie professionnelle.

Nous avons dit déjà qu'il était difficile d'apprécier d'une manière générale les habitudes et les mœurs de toute une classe d'ouvriers; mais il est toujours possible de tenir compte de cette influence dans les jugements individuels que l'on a à porter. La Commission n'a eu garde de la négliger. Il est demeuré évident pour elle que l'intempérance et l'ivrognerie peuvent jouer un rôle actif comme cause prédisposante, et favoriser le développement et les progrès de la maladie des mouleurs. Mais elle n'a pu se refuser à reconnaître que ce n'était là qu'une influence secondaire quand elle a vu le mal atteindre au plus haut degré des hommes rangés, économes au point de subvenir avec leur seul travail aux besoins d'une famille nombreuse, sobres, ne buvant même que de

4

l'eau, soigneux de leur santé, et n'épargnant rien pour com-
battre, par des précautions que leur salaire assez élevé leur
permettait de prendre, l'insalubrité de leur profession ;
quand elle a vu enfin les patrons eux-mêmes ne pas être
épargnés.

La fumée et les vapeurs métalliques de la fonderie ne paraissent pas avoir en réalité plus de part dans la production
des accidents que nous étudions. Il est, en effet, une première
remarque à faire qui suffirait à elle seule pour éliminer cette
influence : c'est que la maladie atteint exclusivement les ouvriers mouleurs et respecte les fondeurs proprement dits, qui
sont précisément ceux qui devraient le plus éprouver les éma-
nations des fourneaux et des creusets, si telle était la cause
principale d'insalubrité. Mais on peut ajouter avec non moins
de raison que si ces fumées et ces vapeurs contribuent à vicier
l'atmosphère des ateliers mal ventilés et ajoutent certainement aux mauvaises conditions dans lesquelles sont placés les
ouvriers, elles n'ont cependant qu'une influence indirecte sur
leur santé ; car dans les établissements où la ventilation est
le mieux établie, dans ceux mêmes où la fonderie est complétement séparée des ateliers de moulage, les ouvriers qui
emploient le poussier ne sont pas à l'abri des maux dont nous
avons tracé le tableau. Le travail y est sans doute moins pénible, mais ses effets n'en sont pas moins funestes et redou-
tables. Les mêmes considérations sont applicables aux fumées
provenant du flambage et de l'éclairage à la chandelle. En
effet, d'une part, si le flambage donne lieu à une fumée rési-
neuse, d'une odeur forte et pénétrante, il ne faut pas perdre
de vue que cette opération n'a lieu qu'un très-petit nombre
de fois dans la journée et, quoique trop rarement, sous la hotte
du fourneau ou d'une cheminée spéciale ; d'une autre part,
les chandelles, qui d'ailleurs commencent à faire place dans
beaucoup d'ateliers à l'éclairage au gaz, donnent lieu, il est
vrai, à une fumée qui contribue à vicier l'atmosphère ; mais
on ne peut faire jouer à une telle circonstance un rôle bien

important dans la production de maladies qui se montrent également dans les établissements où l'on ne brûle pas de chandelles, et dans la saison où il n'y a pas de veillées : ces diverses fumées ne constituent donc en réalité qu'une incommodité et non un danger.

Le poussier, on le sait, n'est pas la seule matière pulvérulente qu'emploient les mouleurs ; le sable sert à confectionner les moules, le ponsif sableux et la farine servent à relever les pièces. S'il semble en théorie qu'il doive être difficile de faire exactement la part de ces diverses poussières, rien n'est plus simple, au contraire, et plus facile dans la pratique. Les détails techniques qui composent la première partie de ce travail ne peuvent laisser de doute à cet égard. On ne peut, en effet, avoir oublié que d'une part le sable humide avec lequel on construit les moules peut former sur le sol une couche plus ou moins épaisse de poussière, mais ne se répand pas dans l'atmosphère ; que, d'un autre côté, le ponsif, qui, par sa nature siliceuse, pourrait avoir pour la santé des inconvénients réels, ne s'emploie que dans une proportion relativement minime.

La plupart des ouvriers et des patrons s'accordent à dire, en effet, que pour les ouvrages ordinaires on en emploie cinquante fois moins que de poussier de charbon. Nous en dirons autant de la matière siliceuse qui serait mélangée au poussier de charbon. Les analyses faites à l'École des mines n'ayant constaté ce mélange dans aucun des échantillons analysés, il est extrêmement probable qu'il n'a pas lieu ou ne s'y trouve qu'exceptionnellement. Enfin pour la farine impure dont les mouleurs font parfois un usage considérable, elle n'est certainement pas sans action sur le développement de la toux, mais il faut bien se rappeler que l'emploi de cet agent n'est pas indispensable dans les opérations du moulage. Enfin, on ne saurait perdre de vue que c'est la matière charbonneuse qui constitue le dépôt amassé dans les organes respiratoires, caractère essentiel et en quelque sorte anatomique

de la maladie des mouleurs en cuivre aussi bien que de l'anthracosis des mineurs anglais.

De tous ces faits fournis soit par l'observation directe, soit
par la comparaison des diverses influences auxquelles sont
soumis les ouvriers fondeurs, il nous paraît impossible de ne
pas conclure que c'est l'emploi du poussier de charbon qui
constitue la principale sinon l'unique cause d'insalubrité no-
toire de cette profession, et que l'on doit accueillir comme un
progrès qui intéresse au plus haut degré l'hygiène et l'huma-
nité tout moyen efficace de supprimer cet agent et de lui substituer une substance incapable de nuire à la santé des ouvriers.

La fécule de pomme de terre fournit-elle ce moyen, rem-
plit-elle cette condition? C'est là le dernier point, le point
essentiel qui nous reste à examiner.

Les avantages et l'innocuité même de la fécule ont été
contestés. On a paru croire que substituer la fécule au poussier, c'était changer seulement les conditions d'insalubrité de
la profession de mouleur ; que les poussières végétales, et spécialement la poussière d'amidon, étaient plus nuisibles encore
que les poussières minérales inertes comme le charbon, et
l'on a appuyé cette opinion sur des chiffres empruntés aux
statistiques de la phthisie pulmonaire.

Mais cette comparaison du travail du moulage à la fécule,
avec les professions que l'on signale comme exposées aux
poussières amidonnées, et par suite à la phthisie, telles que
celles de boulangers, de pâtissiers, de perruquiers, d'ami-
donniers, ne saurait être admise. Il suffit d'entrer dans un
atelier où le nouveau procédé de moulage est en usage pour
voir qu'il n'y a pas là substitution d'une poussière à une autre
poussière, différente seulement par la couleur. L'aspect de
ces ateliers est en effet la démonstration la plus saisissante du
progrès que semble devoir réaliser au point de vue de
l'hygiène le procédé que nous étudions. L'atmosphère n'est
chargée d'aucune poussière, et l'on y respire avec une en-

tière liberté, double circonstance facile à comprendre si l'on songe que la première condition du succès du travail à la fécule c'est la mesure avec laquelle on l'emploie, et que suffisant avec une très-petite quantité de ponsif à la confection des moules, elle dispense de l'usage de la farine, qui dans l'ancien système ajoute en si grande proportion sa poussière irritante à celle du poussier de charbon. De telle sorte qu'en admettant même l'excessive insalubrité de la fécule et les dangers de son introduction dans les voies aériennes, la quantité très-faible qu'il est nécessaire d'employer, jointe à la propriété qu'a cette matière de se précipiter sur le moule sans se répandre dans l'atmosphère, atténuerait encore beaucoup ses inconvénients et n'enlèverait rien des avantages qu'elle peut offrir dans cette application.

Il ne paraît pas plus juste d'y voir seulement une amélioration superficielle et une mesure de propreté destinée à affranchir en quelque sorte moralement les ouvriers mouleurs. Sans méconnaître la portée très-réelle d'un progrès de cette nature, il sera permis de rappeler qu'à une autre époque une substance qui pour la couleur au moins présentait la même supériorité sur le poussier de charbon, le talc avait été essayé dans l'industrie du moulage en cuivre, et que malgré la facilité et la commodité de son emploi, les ouvriers avaient été les premiers à la rejeter, parce qu'elle leur paraissait encore plus nuisible à leur santé que le charbon lui-même.

C'est qu'en effet, c'est la question de salubrité qui doit dominer et qui seule pourrait permettre d'attribuer la prééminence à la fécule. Car s'il peut rester quelque doute sur sa supériorité industrielle, au point de vue de l'hygiène, du moins l'expérience a prononcé. Non-seulement, ainsi que nous l'avons dit, l'aspect des ateliers où l'on emploie exclusivement la fécule est de nature à inspirer la plus complète sécurité, et rien n'y peut faire soupçonner l'exercice d'une industrie insalubre ; mais, dans la période de quelques mois, durant laquelle le nouveau procédé a été momentanément

4.

mis en essai dans presque toutes les fonderies, un très-grand
nombre d'ouvriers déjà atteints par la maladie ont pu faire sur
eux-mêmes des observations comparatives dont il est impossible de ne pas tenir compte. Sur les quarante-quatre ouvriers que nous avons examinés, vingt-cinq étaient dans ce
cas, et avaient pendant un espace de temps plus ou moins
long, variant de trois à huit mois, travaillé à la fécule. Tous,
sans exception, ont déclaré qu'ils avaient immédiatement res-
senti une amélioration notable, un soulagement complet.
Quelques-uns, que leur état de souffrance forçait à des interruptions fréquentes, et tenait même depuis longtemps éloignés des ateliers, ont pu y rentrer et reprendre avec la fécule
un travail régulier et non interrompu. Les établissements où
ce procédé est encore mis en usage, renferment plusieurs de
ces victimes de l'ancien système qui ont vu ainsi leur santé
altérée se rétablir. En même temps, et comme pour servir
de contre-épreuve, ceux qui après avoir essayé la fécule se
sont trouvés forcés de revenir au poussier de charbon, ont
été repris de tous les accidents qui rendaient leur travail si
pénible, et les condamnaient trop souvent à un repos forcé.
Cette double expérience est venue ainsi confirmer ce que
nous avons dit de la marche de la maladie qui subit un temps
d'arrêt, et peut même rétrocéder lorsque les malades sont
soustraits pendant quelque temps à l'influence pernicieuse
qui engendre et entretient leurs souffrances. L'emploi de
la fécule peut donc réaliser à la fois, et d'une manière assurée,
un double bienfait en prévenant le développement du mal
chez ceux qui n'en sont pas encore atteints, et en plaçant
les ouvriers déjà malades dans les conditions les plus favorables à leur guérison.

En résumé, nous n'hésitons pas à dire que l'emploi du poussier de charbon dans l'industrie du moulage en cuivre offre de
graves inconvénients pour la santé et un danger réel pour la
vie des ouvriers, et qu'à ce point de vue il y aurait un incon-
testable avantage à lui substituer la fécule de pomme de terre.

QUATRIÈME PARTIE.

Des moyens d'assainissement des ateliers de moulage et des fonderies de cuivre.

Si la condition essentielle, absolue, de l'assainissement de la profession de mouleur en cuivre est à nos yeux la suppression du poussier, nous ne pouvons nous empêcher de reconnaître, ainsi que l'a fait la Commission, que cette réforme radicale ne peut être obtenue immédiatement, et que, ne fût-ce que comme mesure transitoire, il importe de chercher à faire disparaître autant que possible les inconvénients du poussier et les diverses autres causes d'insalubrité des ateliers de moulage.

La question, ainsi posée, présente deux éléments distincts : la disposition des ateliers et le mode d'emploi par les ouvriers des matières pulvérulentes nécessaires à la confection des moules.

La Commission, dans le très-grand nombre d'ateliers qu'elle a parcourus, a constaté que la disposition des locaux était mal combinée. Souvent les fourneaux qui reçoivent les creusets sont placés dans l'atelier même où travaillent les mouleurs, sans que la hotte qui les recouvre ait une étendue assez grande ou un tirage suffisant pour enlever les fumées qui s'échappent des creusets, surtout au moment de la coulée. Souvent le flambage se fait avec une imprévoyance telle que la fumée de résine se répand dans l'atelier de moulage et incommode sérieusement les ouvriers.

La Commission a pensé que l'administration de la police devrait intervenir, pour exiger, dans chaque atelier, les modifications propres à remédier à ce double inconvénient, ce qui, dans la plupart des cas, n'occasionnera pas une dépense importante ou n'exigera pas un remaniement des ateliers, te que les locaux actuels deviennent insuffisants ou impropres à leur destination. L'administration devra examiner préalablement dans quelles limites les lois et règlements en vigueur lui confèrent le droit d'exiger des modifications de cette nature, et, s'il y a lieu, provoquer soit un nouveau classement des fonderies de bronze, soit la promulgation de règlements spéciaux qui lui donnent les pouvoirs nécessaires.

La ventilation des ateliers est souvent défectueuse, et l'air ne s'y renouvelle pas avec assez d'activité pour entraîner les poussières dont il est chargé ; trop souvent encore, pendant l'hiver, les ouvriers suppriment eux-mêmes toute ventilation en fermant les fenêtres ou les châssis pour se soustraire à l'action du froid. Ce défaut de ventilation, et souvent, lorsque celle-ci existe, le mode suivant lequel elle s'effectue, sont une des causes principales de l'insalubrité des ateliers de moulage : l'air se charge d'une manière permanente d'une quantité de poussière qui se renouvelle sans cesse au fur et à mesure qu'il s'en dépose une partie sur le sol ou sur les objets disséminés dans l'atelier. S'il existe une ventilation, et elle est toujours faible en hiver, elle est obtenue par l'ouverture de vitrages soit sur le toit, soit à la partie supérieure des faces verticales, mais toujours à une assez grande hauteur, de telle sorte que la circulation de l'air, excitée par l'élévation de température produite par l'accumulation des ouvriers et par un poêle placé souvent au milieu de l'atelier, s'opère *per ascensum ;* par suite, la poussière se trouve sollicitée à s'élever et atteint plus complétement les organes respiratoires des ouvriers.

On apporterait déjà une amélioration très-notable à l'état des ateliers, si l'on arrivait, ne fût-ce que pendant l'hiver, alors que les fenêtres ne peuvent être toutes ouvertes, à renverser le sens dans lequel se fait la ventilation, c'est-à-dire à l'effectuer *per descensum.* On atteindrait ce but en établissant dans le sol de l'atelier une série de canaux venant s'ouvrir de place en place, à la partie inférieure des caisses sur lesquelles travaillent les ouvriers, et en déterminant, soit au moyen d'un ventilateur, soit au moyen d'un foyer et d'une cheminée spéciale, un appel énergique ; ce serait peut-être déjà beaucoup que de prendre au centre et à la partie inférieure de l'atelier de moulage l'air nécessaire pour souffler le fourneau où s'opère la fonte des métaux et celui que le tirage de la cheminée qui surmonte la hotte entraîne avec les produits de la combustion.

Nous ne pouvions nous livrer à des recherches ou à des expériences sur les meilleures dispositions à adopter pour ventiler les ateliers de moulage ; nous nous contentons d'indiquer dans quel sens la question doit être étudiée et résolue si l'on reconnaît que la ventilation des ateliers de moulage puisse donner lieu à des prescriptions administratives.

Le mode d'application par les ouvriers des matières pulvérulentes employées dans le travail au poussier, est certainement très-défectueux, au point de vue qui nous occupe. Ces matières, placées dans un sac, qu'il est nécessaire d'agiter fortement avec le bras pour les faire passer à travers les mailles serrées du tissu, sortent sur toute la surface du sac, tandis qu'il n'y a de réellement utile que ce qui tombe de la partie inférieure sur le moule ; le mouvement du bras agite l'air et forme des remous qui mettent la poussière en suspension et la font élever en un nuage qui enveloppe bientôt la tête de l'ouvrier. Cet effet ne se produit pas pour la fécule qu'on secoue avec précaution et en très-petite quantité, et qui d'ailleurs a une grande densité ; il se produit avec moins d'intensité pour le ponsif que pour le poussier, car on l'emploie avec ménagement et de manière à ne pas dépasser la dose qui doit être appliquée sur le moule ; mais il se produit pour le poussier de charbon de la manière la plus saillante et la plus fâcheuse, et, doit-on ajouter, de la manière la plus inutile. Tous les ouvriers ne jettent pas également de poussière dans l'atmosphère ; les ouvriers habiles en font moins que les ouvriers peu adroits ou peu exercés, et surtout que les apprentis, qui semblent se faire un jeu de l'intensité du nuage qui s'élève autour d'eux ; souvent, au lieu d'employer le sac, on pourrait appliquer le poussier avec un pinceau à sec ; dans tous les cas, en mettant du soin à ne secouer sur le moule que la très-petite quantité de poussier nécessaire pour produire l'effet voulu, l'ouvrier ne perdrait pas plus de temps pour le faire, que pour faire sortir du sac, par une série de mouvements précipités, une quantité bien superflue de poussier, qu'il est obligé d'enlever immédiatement du moule avec un soufflet, en produisant un nouveau nuage de poussière qui vient s'ajouter au premier ; plusieurs fondeurs ont eux-mêmes reconnu que l'usage du poussier pouvait être restreint dans des limites où ses inconvénients seraient fortement atténués. Il y a là une habitude invétérée qui s'explique par les pro- priétés de la poussière même du charbon ; tout ce qui tombe sur le moule après qu'une très-légère couche y a été fixée par l'humidité du sable, n'y produit aucun effet et peut être enlevé avec le soufflet ; en secouant précipitamment et sans précaution le sac de poussier et en faisant de même usage du soufflet, les ouvriers ne risquent pas d'altérer le moule ; mais ils croient gagner du temps, et en définitive ils ne font que gaspiller une matière qui ne laisse pas que de représenter une certaine valeur.

La Commission a donc pensé que si les ouvriers pouvaient s'astreindre à se faire la main plus légère, et les patrons à faire sous ce rapport la police de leurs ateliers, les inconvénients de l'emploi du poussier seraient certainement atténués. Pour arriver à ce résultat, il y aurait un moyen bien simple à em- ployer : il consisterait à mettre à la charge des ouvriers le prix du poussier de charbon qu'ils dépensent, sauf à augmenter d'une quantité équivalente à la dépense actuelle de matière le montant de leurs salaires, ou à leur attribuer une alloca- tion supplémentaire égale à la moyenne de la dépense de charbon effectuée journellement par ouvrier ; c'est ce qui se fait pour l'huile dépensée pour le graissage des machines locomotives, pour le coke qu'elles consomment ; le bénéfice que les ouvriers réalisent par un emploi plus intelligent ou plus attentif de la matière est un puissant stimulant qui produit toujours des réductions considérables sur la consommation.

Si la quantité de poussier dépensée dans les ateliers était seulement réduite de moitié, l'inconvénient de la poussière serait atténué dans une proportion très-notable. Dans un atelier important, la consommation de poussier peut s'élever de 1,200 à 1,500 fr. par an ; la moitié de cette somme est assez importante, si les ouvriers l'économisent, en même temps qu'ils amélioreraient les conditions hygiéniques de leur travail, et s'ils étaient excités à faire les efforts nécessaires pour l'ajouter à l'ensemble de leurs salaires.

M. Lechâtelier a pensé également qu'on pourrait essayer, avec de grandes chances de succès, de substituer aux sacs ordinaires l'emploi de tamis fermés dont il serait facile à l'ouvrier de faire tomber le poussier sur le moule par le choc de la main ou d'un outil quelconque, sans produire cette agitation de l'air que détermine le mouvement du bras et qui met la poussière en suspension dans l'atmosphère de l'atelier. C'est un essai qu'il faut recommander à la sollicitude des chefs d'établissement dans leur propre intérêt, mais qui ne pourrait être l'objet de prescriptions administratives qu'autant que l'expérience en aurait pleinement démontré l'efficacité.

CONCLUSIONS.

Si nous résumons les faits contenus dans la longue étude qui précède, et que nous cherchions à en tirer les conclusions, ainsi que l'a fait la Commission dans l'avis qu'elle a présenté au ministre qui lui faisait l'honneur de la consulter, nous croyons pouvoir formuler les propositions suivantes :

I. Les fondeurs en cuivre employés au moulage par le

poussier de charbon, sont exposés à des affections spéciales dues à l'inspiration et à l'accumulation dans les organes respiratoires du poussier de charbon, affections qui peuvent être aggravées par l'insalubrité générale et le défaut de ventilation des ateliers.

II. La fécule a été appliquée et peut répondre à tous les besoins de l'industrie des bronzes, et sauf quelques réserves relatives aux objets d'art, elle n'offre, pourvu que son emploi soit bien dirigé, aucun inconvénient réel au point de vue de la fabrication.

III. La substitution de la fécule au poussier de charbon réalise un progrès hygiénique considérable qui mérite d'être hautement encouragé et qu'il serait très-désirable de voir adopté d'une manière générale dans l'intérêt de la santé des ouvriers. Toutefois, en présence des raisons qui ont été précédemment exposées, et dans la crainte de la perturbation qui pourrait résulter dans l'industrie des bronzes d'une substitution brusque et forcée du procédé nouveau au mode de moulage anciennement suivi, si l'on ne peut dès à présent interdire absolument le poussier, il y a lieu pour l'administration supérieure, en même temps qu'elle favorisera par tous les moyens qui sont en son pouvoir l'adoption du moulage à la fécule, de prescrire dès à présent, d'une manière impérative, des mesures propres à assainir les ateliers et à atténuer les inconvénients de l'emploi du poussier, notamment la séparation de la fonderie et du local où s'opère le flambage des moules de l'atelier de moulage proprement dit ; la construction de hottes et de cheminées d'appel disposées au-dessus du fourneau de manière à ce que la fumée des métaux pendant la fusion et pendant la coulée ne puisse pas se disperser dans l'atelier ; l'établissement d'une ventilation efficace, et enfin une surveillance spéciale dans le but de réduire la consommation du poussier et d'en mieux régler l'emploi.

ANNEXE 1.

Première catégorie (degré le plus faible).

1re. — *Veniat*, âgé de 61 ans, mouleur depuis 45 ans, exerce encore sa profession. Il y a à peu près 15 ans qu'il a senti peu à peu survenir de la gêne de la respiration. Il n'a jamais été sérieusement malade et n'a été forcé d'interrompre son travail qu'à de rares intervalles et pendant un ou deux jours seulement. La poitrine est assez bien conformée, sans voussure notable. Il n'a jamais craché de sang. La respiration est un peu courte, mais normale. Les battements du cœur sont sourds, intermittents, parfois troublés par des palpitations. (Prix de journée, 4 fr. 50 c.)

2e. — *Carpentier*, 30 ans, mouleur depuis 10 ans, a commencé à souffrir depuis 7 ans ; n'a jamais craché de sang. L'année dernière (1853) il a été très-malade d'un catarrhe aigu ; il allait se décider à quitter son état lorsque la fécule a été mise en usage. Il n'a plus travaillé que par ce procédé depuis huit mois ; et pourtant le matin, à la suite de petites quintes de toux, il crache encore des matières noires. La conformation du thorax est très-bonne. Les muscles du cou ne présentent pas de développement exagéré. La respiration est à peu près normale ; elle offre pourtant un peu de faiblesse dans certains points à droite. Le cœur est sain. Le père est mort de fièvre typhoïde ; la mère, de maladie aiguë causée par un refroidissement. Le frère est fondeur et très-gravement atteint. (Prix de journée, 5 fr. 50 c.)

3e. — *Roux*, 54 ans, fondeur depuis 33 ans, a presque toujours travaillé dans des ateliers peu nombreux, où la poussière n'était pas très-épaisse ; n'a jamais été très-malade ; l'année dernière seulement il a été retenu au lit, pendant trois semaines, par une maladie dont l'oppression était le caractère dominant. Depuis ce temps, il a éprouvé de l'étouffement, de la difficulté à marcher à la fin de la journée, même pour de petites courses, et de la toux. Il n'a jamais craché de sang. Il a travaillé à la fécule, mais avec une prévention très-défavorable, et a été très-étonné de bien réussir dans son travail, et de ne plus avoir d'étouffement ; actuellement encore, il travaille à la fécule et n'éprouve qu'une très-faible gêne. Il a cessé de cracher noir assez vite. La conformation du thorax est assez bonne ; l'état de la respiration satisfaisant ; l'expansion régulière. Le cœur normal. — Cet homme a eu 22 enfants dont 10 sont vivants ; et son travail, grâce à une vie sobre et réglée, a suffi à élever cette nombreuse famille. (Prix de journée, 6 fr. à 6 fr. 50 c.) — Son père est mort, à 50 ans, de maladie aiguë; la mère est morte, à 50 ans, de faiblesse; la sœur a succombé à un ulcère.

4e. — *Chablis*, 48 ans, fondeur depuis 32 ans, d'une constitution assez chétive; n'a rien éprouvé dans les premiers temps; mais il a commencé à souffrir il y a 17 ans. Il n'était pas souvent forcé de s'arrêter. Mais le soir il était pris d'étouffements, et ne pouvait ni marcher, ni manger avant de s'être reposé pendant une heure. Depuis dix mois, il travaille à la fécule, et a éprouvé une réelle amélioration. — La conformation de la poitrine est à peu près normale; il n'y a pas de voussure notable; mais les mouvements élévateurs du thorax sont très-forts. Le soulèvement de la poitrine contraste avec un silence presque complet et une absence d'expansion vésiculaire. Il n'y a rien au cœur. (Prix de journée, 4 fr. 50 c.)

5e. — *Jusseau*, 34 ans, fondeur depuis 19 ans. Interrompu au début de sa profession par le service militaire, il a été 6 ans soldat, et depuis 8 ans, il est revenu à son premier état. Durant l'hiver, il souffrait au point de ne pouvoir marcher; il avait des quintes continuelles sans jamais cracher de sang. — Il travaille maintenant à la fécule, sans avoir été forcé une seule fois d'interrompre son travail. — C'est un homme très-fortement constitué. Sa poitrine est bien conformée. La respiration faible, mais naturelle. Le cœur est légèrement hypertrophié. En somme, son état paraît très-satisfaisant auprès de celui où il était auparavant. (Prix de journée, 5 fr.)

6e. — *Carpentier* (Charles), âgé de 38 ans, fondeur depuis 22 ans, a un frère qui exerce la même profession que lui, et qui est très-gravement atteint. Jusqu'ici, il a assez bien résisté. Depuis 3 ou 4 ans seulement, il a commencé à se sentir gêné. Il ne toussait pas, mais il était sujet à des rhumes de cerveau très-aigus qui ont cessé depuis qu'il travaille à la fécule. Il n'a d'ailleurs jamais craché de sang. Assez chétif, mais bien conformé; il ne présente qu'une inégalité très-marquée du bruit respiratoire en différents points de la poitrine. Rien au cœur. (Prix de journée, 6 fr.)

Deuxième catégorie (degré moyen).

7e. — *Barrot*, 46 ans, fondeur depuis 25 ans, a toujours travaillé au charbon. Il a commencé, il y a environ trois ans, à ressentir une oppression qui a augmenté au point de l'empêcher de travailler depuis près d'une année. La face est livide; l'haleine très-courte; la toux très-fréquente; l'inspiration énergique; la dyspnée très-marquée. Le thorax présente une voussure considérable. On entend dans la poitrine des râles sibilants et muqueux, et dans quelques points une très-notable faiblesse du bruit respiratoire. Au cœur on constate un souffle rude, au premier temps avec une impulsion forte. Il y a un peu d'œdème aux jambes, et un développement général du système veineux. (Prix de journée, 4 fr. 50 c.)

8e. — *Tessier*, 37 ans, fondeur depuis 25 ans, travaillant spécialement au moulage depuis 20 ans. Atteint, il y a 14 ans, d'une fluxion de poitrine, il a continué à tousser depuis cette époque et est devenu poussif principalement depuis 8 ans. L'année dernière, au mois d'août, il a été retenu au lit, pendant six semaines, par de violentes douleurs de poitrine. Depuis il est resté enrhumé, et a craché du sang à la suite de quintes de toux accompagnées de vomissements. Il peut à peine travailler une demi-journée. Sa constitution est assez chétive. L'haleine est courte; la poitrine rétrécie et voûtée du côté droit. Les muscles thoraciques sont très-développés; la respiration remarquablement faible. L'expansion pulmonaire presque nulle; un peu de rudesse au sommet du poumon droit. Rien au cœur. — Entré dans mon service à l'hôpital La Riboisière vers la fin d'avril 1854, cet homme nous offre des signes non douteux de tuberculisation. Il a de temps en temps des crachats noirs. — La mère, âgée de 64 ans, jouit d'une bonne santé. Le père est mort jeune d'une maladie non déterminée. (Prix de journée, 4 fr. 50 c.)

9e. — *Husset*, 44 ans, fondeur depuis 25 ans; il n'est malade que depuis une quinzaine d'années. Il est encore dans l'état. Il a commencé par de forts rhumes, et a continué à s'enrhumer très-facilement, et à cracher fréquemment du sang. Il ne peut ni marcher, ni monter à cause de la dyspnée. La toux est quinteuse. Il a le dos voûté, offrant une courbure du côté droit. Sa très-grande maigreur contraste avec le développement des muscles inspirateurs. Le bruit respiratoire est presque nul à droite, avec voussure; à gauche, au contraire, le bruit est plus marqué, un peu rude. Il a travaillé à la fécule sans être obligé de s'interrompre; il ne peut plus travailler depuis qu'on a repris le charbon. — Son père mort à 57 ans à la suite d'une chute; tisserand. La mère morte en couches. Trois frères et une sœur : deux fondeurs, maigres et chétifs; deux non fondeurs, très-bien portants. (Prix de journée, 5 fr. 50 c.)

10e. — *Jardin*, 38 ans, fondeur depuis 16 ans; il a commencé, au bout de 6 ans, à tousser et à ressentir, chaque jour, de l'oppression et une constriction à la base de la poitrine. Cet état a été en augmentant et l'a forcé d'interrompre son travail à plusieurs reprises. — Marche difficile. Essoufflement surtout depuis 4 ans. — Il lui est arrivé de rester 3 mois sans travailler, au bout de ce temps, il avait encore des crachats noirs. Maintenant encore il a ces crachats. Il a eu plusieurs fois des crachements de sang par la force de la toux. Il a éprouvé une amélioration notable depuis la fécule à laquelle il travaille encore actuellement. Autrefois, il ne pouvait pas manger le soir, il pouvait seulement boire. Maintenant il mange très-bien. (Son aspect contraste avec celui des autres.) — La respiration est un peu courte. L'inspiration laborieuse. Muscles se contractant énergiquement. Il existe une voussure antérieure du thorax. Bruit respiratoire presque nul. Cœur sain, recouvert par le poumon. Jamais d'enflure. — Son père, cultivateur, mort, à 75 ans, de maladie aiguë. La mère morte à 34 ans, poitrinaire. Frère, chargeur dans les roulages, très-fort, 36 ans. (Prix de journée, 4 fr. 50 c.)

11e. — *Vaudran*, 52 ans, fondeur depuis 33 ans. Il a toujours travaillé au charbon. La toux ne l'a pris que depuis 12 ans, d'une manière continue. Jusque-là, il avait toussé seulement de temps en temps. Les trois derniers mois, il a été forcé de s'arrêter, ce qu'il attribue à la clôture de l'atelier. Il vient d'être malade pendant deux mois, et continue de cracher noir. Après la révolution de février, il a cessé de travailler pendant quatorze mois, et continuait de cracher noir. Il a craché du sang pour la première fois en décembre dernier. — Voussure générale du thorax. Expansion très-faible. Rien au cœur. Bruits très-sourds. Jamais d'enflure. (Prix de journée, 6 fr. et 4 fr. 50 c.) — Son père, fabricant de fécule, mort à 78 ans, de maladie aiguë. La mère morte à 65 ans.

12e. — *Antoine Parru*, 24 ans, mouleur depuis 11 ans ; il a commencé à souffrir, depuis 4 ans, d'une oppression qui a continué en augmentant. Il a été obligé de s'arrêter deux fois par une grande gêne de respiration. Tout récemment il a craché du sang. — Constitution chétive ; pâle ; livide. — Voussure très-marquée à gauche. Développement considérable des muscles inspirateurs. — Bruit respiratoire faible. Affection du cœur très-marquée. Souffle très-rude au premier temps, à la pointe. Frémissement très-prononcé. Père, voiturier, mort à 45 ans, de la poitrine. Mère, vivante, est gênée de la respiration, tousse depuis longtemps.

13e — *Bandier*, 49 ans, fondeur depuis 31 ans , il a été patron et est redevenu ouvrier ; il a cessé de travailler pendant 12 ans ; il a recommencé, il y a 12 ans, et depuis 3 ou 4 ans a commencé à souffrir. — Il vient d'être malade pendant 12 jours. Souffre constamment de la base de la poitrine dans la région du cœur. — Essoufflement habituel. Il est couvert de noir. Respiration très-courte. Face assez livide. — Voussure générale du thorax plus marquée à gauche. Muscles inspirateurs très-développés, *surtout au cou*. Sibilance générale rude. Murmure respiratoire très-faible. Emphysème énorme, rien au cœur. Pas d'enflure. — Il a travaillé à la fécule pendant 8 mois, et n'a pas été malade une seule fois ; il a été forcé de reprendre le charbon et est retombé. Bons antécédents. (Prix de journée, 4 fr. 50 c.)

14e — *Biget*, 42 ans, mouleur depuis 34 ans ; aspect très-frappant. Il a travaillé à la fécule depuis plusieurs mois, et sa physionomie est très-bonne comparativement aux autres. Vers l'âge de 25 ans, il a commencé à tousser de temps en temps et à être essoufflé. Il pouvait à peine marcher et ne faisait guère que des demi-journées. Il est beaucoup mieux depuis que, il y a 8 mois, il a pris la fécule. — Il soutient que même maintenant, quoique le charbon ne soit nullement employé dans son atelier, il a encore de temps en temps des crachements noirs, comme du poussier, se détachant difficilement. — Poitrine assez bien conformée. Respiration incomplète. Emphysème à un degré moyen. Rien au cœur. — Son père, fondeur, mort à 58 ans, après avoir travaillé 15 ans, a succombé à l'essoufflement. — Mère morte à 45 ans, on ne sait de quoi. (Prix de journée, 4 fr. 50 c.)

15e. — *Gauthier*, 47 ans, mouleur depuis 36 ans ; il souffre principalement depuis 15 ans. Étouffement après le travail. Longue course à faire pour rentrer, il était obligé de s'arrêter bien des fois en route. Mais il n'était pas précisément malade; il a été interrompu pendant 16 mois après la révolution, et durant ce temps à plusieurs reprises, quand quelque chose se détachait, il crachait encore noir. Il a craché du sang dans ces derniers temps cinq ou six fois. Conformation caractéristique de la poitrine à un haut degré. Toux sibilante. Râles. Expiration incomplète. Irrégularité dans le pouls. Impulsion très-forte. Il a travaillé 4 mois à la fécule sans aucune gêne ; il a repris le charbon depuis un mois, et est repris d'essoufflement. — Son père est mort à 82 ans, garçon de magasin. La mère morte en couches. — Il ne peut souper le soir, tandis que pendant qu'il travaillait la fécule, il pouvait très-bien manger et se coucher sur le dos. (Prix de la journée, 4 fr. 50 c.)

16e. — *Lequien*, 32 ans, mouleur depuis 20 ans ; il s'est assez bien porté les premières années. Il y a 8 ans, pour la première fois, étouffement, oppression considérable. — Il a travaillé à la fécule 8 mois, et allait bien. Pendant ce temps, il a continué à cracher noir 2 mois. — En 1851, il a été à Nemours passer 3 mois. Et à la fin de son séjour, il s'est vu de temps en temps repris de crachements noirs. — Depuis qu'il a repris le charbon, il continue à étouffer. — Conformation de la poitrine assez bonne. Respiration très-haute. Dos voûté. — Aspiration incomplète surtout à gauche. — Battements du cœur, forts, sans trouble notable. Pas d'enflure. — Père mort d'une blessure, à 44 ans. Mère vivante, 76 ans, bien portante. (Journée, 4 fr. 50 c.)

17e. — *Dobignie*, 42 ans, mouleur depuis 17 ans ; il a commencé, il y a neuf ans, à être malade. Engorgement de poumon. Vésicatoire. — Il n'a pas été interrompu d'autres fois. Il travaillait moins à la fin de la journée. Il se sentait essoufflé. Il se remettait chez lui, pouvait souper. Mais la nuit, il était réveillé par une quinte de toux, qui allait souvent jusqu'au vomissement. — Pendant la maladie, après deux mois, il crachait

5.

parfois noir. Depuis cette époque, il a gardé un cautère. — Conformation du thorax caractéristique. Voussure. Respiration haute, manifestement incomplète. Cœur sain. — Il a travaillé à la fécule sans aucun malaise. Repris de plus belle. — Père mort à 61 ans, hydropique, homme de peine dans la fonderie, sans avoir eu d'essoufflements. Mère vivante, 69 ans. (Prix de journée, 5 fr. 50 c.)

18e. — *Rivière*, 45 ans, mouleur depuis 26 ans ; bien portant dans les premiers temps. Depuis 13 ans est malade : oppression, toux continuelle. — Obligé de s'arrêter pendant 7 mois de l'année. Il y a 3 mois qu'il ne travaille pas. — Il a pris la fécule 3 mois, et il se trouvait très-bien. — Il a craché noir, et maintenant encore, quoiqu'il ne soit pas allé à l'atelier depuis 3 mois, il crache parfois noir. Il a craché du sang plusieurs fois par les efforts de toux. — Traits altérés. Conformation ordinaire. Respiration très-haute ; sibilance générale ; presque pas d'expansion. Cœur offrant au second temps un souffle assez rude. Voussure très-développée. Peu d'enflure. Père mort à 50 ans, d'un coup de sang. Mère morte folle. Une sœur morte de misère. Un frère mort de boisson. (Prix de journée, 4 fr.)

19e. — *Lambin*, 51 ans, mouleur depuis 38 ans : malade seulement depuis 8 ans, a des étouffements continuels, surtout le soir. Quand la journée s'avance, il ne peut plus y tenir ; il ne peut pas manger le soir. Mal de cœur se fait sentir. Cela a cessé pendant les 4 mois de fécule. — Conformation ordinaire. Respiration très-haute. Très-mauvais aspect. Toux très-forte. Ronchus très-sonore. Expansion incomplète et *par places* tout à fait nulle. Crachements de sang fréquents. (Prix de journée, 4 fr.)

20e. — *Berthelet*, 43 ans, fondeur depuis 30 ans. Il n'y a guère que 3 ou 4 ans qu'il a commencé à étouffer beaucoup. Plus la journée avance, plus il tousse. — Soupe très-rarement ; boit du lait en rentrant. Il n'a pas fait de véritable maladie. Mais il a dû s'arrêter par moments et ne faire que des demi-journées. — Il faisait de la bande pour les lamineurs, et ne se servait pas beaucoup de poussier. Il n'a jamais craché de sang. Il ne peut coucher sur le dos. Conformation du thorax assez bonne. Malgré cela, la respiration très-haute ; l'expansion très-incomplète et par places. Cœur tumultueux. — Père mort à 61 ans, tonnelier ; amputation. Mère morte à 80 ans, de vieillesse. Frère bien portant. Un de ses frères, fondeur, mort à 50 ans, de brûlure, était très-atteint d'étouffement. (Prix de journée, 4 fr.)

21e. — *Jourin*, 49 ans, mouleur depuis 31 ans ; bien portant jusqu'à l'âge de 28 ans. Il travaillait dans l'atelier de M. Méconnet (en 1831) lorsqu'une charge de poussier a fait effondrer le plafond, et il a failli être asphyxié par la poussière. Depuis ce temps, il a commencé à souffrir. Il a été mieux quand il était dans une grande fonderie. Il est rarement aux petits ateliers, il ne peut plus y travailler. Il est chez M. Eck, à la fécule, et se trouve bien soulagé, restant un peu essoufflé. Il n'a jamais craché de sang. Fort et trapu. Bonne apparence. Poitrine carrée. Respiration haute ; inspiration énergique et arrêtée. Bruit très-incomplet, et sonorité exagérée. Cœur normal. Crachements noirs, même encore maintenant, mais qu'il attribue au flambage et à la fumée. — Père mort d'asphyxie, à 66 ans. Mère morte à 89 ans. Frère et sœur bien portants. (Journée, 6 fr.)

22e. — *Gonin*, 50 ans, a quitté depuis 6 ans, après avoir travaillé 30 ans. Il crache encore noir, quoique n'ayant pas travaillé depuis 6 ans ; a été longtemps sujet aux angines. Durant son travail, il était pris par des étouffements ; c'est pour cela qu'il a quitté. Il ne pouvait plus manger le soir dans les derniers temps. C'est vers 38 ou 40 ans qu'il a commencé à être essoufflé ; père mort à 75 ans. Quoiqu'il ait quitté l'état, il a conservé une tendance très-marquée à l'essoufflement. Ne peut ni monter ni courir. La poitrine est assez bien conformée ; la respiration est normale à droite, mais affaiblie à gauche. Cœur sain. (5 fr. 50 c.)

23e. — *Barraux*, 34 ans, fondeur depuis 17 ans. Était très-fort, a commencé à ressentir l'étouffement après 2 ans, mais surtout très-sensible depuis 5 ans. — Il éprouvait des étouffements et *vomissements continuels*, qui arrivent même sans accès de toux. Matières glaireuses et aqueuses. A travaillé 5 mois à la fécule sans rien ressentir de malaise, et ne pouvant faire la journée entière. L'année dernière il avait été interrompu 7 mois ; maintenant il ne peut faire que des demi-journées : quand il se force, il est tout à fait malade. Il a interrompu pendant 2 ans, et au bout de ce temps il crachait encore noir ; c'était comme une petite bille qui se détachait. Constitution en apparence très-robuste, mais mouvements inspirateurs très-courts. Pas de voussure notable. Rien au cœur. Respiration à peu près régulière ; si ce n'est en arrière, expansion incomplète. Toux quinteuse et amenant très-vite les vomissements.

24e. — *Delondre*, 38 ans, fondeur il y a 26 ans. Bien portant d'abord pendant 13 ans environ ; depuis a toujours été malade. S'est remis pendant le chômage de février, mais a été repris quand il a recommencé. A travaillé à la fécule 8 mois, et se trouvait beaucoup mieux. Le soir, étouffement ; estomac chargé, ne pouvant pas manger le soir ; vomissements de temps en temps quand il voulait manger. Dans les dernières années, il ne faisait pas ses journées entières. Moins sobre. Aspect très-mauvais; teint pâle, plombé. Il vient d'avoir des clous, qui l'ont retenu éloigné de l'atelier depuis 2 mois ; cependant il crache encore noir quand il fait un effort. Il n'a jamais craché de sang. Conformation du thorax assez bonne. Respiration un peu rude sous la clavicule droite, mais sans signes marqués d'emphysème. Rien au cœur.

25e. — *Charpentier*, 43 ans, fondeur depuis 20 ans. Depuis une dou-
zaine d'années, il a commencé à être très-fatigué; surtout le soir, dans la
veillée d'hiver, il étouffe et tousse. Arrivé chez lui, cela se dissipe, mais il
ne peut manger qu'un peu, environ une heure et demie après son retour.
Il ne prend qu'un peu de lait chaud sucré ou du thé. Il a été arrêté 3 semaines il y a 2 ans, et 8 jours l'an dernier. Souvent il a été empêché
de finir sa journée. Il a continué à travailler au poussier; mais pendant
un temps, les autres ouvriers de l'atelier se servant de fécule, il n'avait
que sa propre poussière. Assez bon aspect. Intelligent et sanguin. Commence à être très-marqué au cou. Saillie des muscles élévateurs. Respiration haute. Bruit vésiculaire très-affaibli. Toux très-fréquente, sèche,
quinteuse, amenant des nausées. Jamais craché de sang.— Père, 72 ans,
très-robuste. Mère morte très-jeune, très-faible de santé.

26e. — *Cerf*, 40 ans, n'a été fondeur qu'à 26 ans (depuis 14 ans). Dès
les premiers temps, il a commencé à souffrir, surtout de la fumée et de
la fonte; mais il n'était que commis. Il a commencé à mouler après 3 ans.
Il a été obligé de cesser il y a 2 ans pour une place au chemin de fer. Il
a repris avec la fécule : il a pu travailler très-bien. Depuis, pendant
15 jours seulement, il s'est remis au poussier, et n'a pas pu continuer.
Maintenant il est à la fécule, rue Buffault, et travaille très-régulièrement.
Quand il travaillait au poussier, il éprouvait même pendant le travail,
après une demi-journée, trois quarts de journée et le soir (au lieu de 30
ou 40 fr. par semaine, il ne gagnait plus que 10 fr.), une constriction très-
pénible au creux de l'estomac. Etouffement · il cherchait à respirer; il
s'efforçait de cracher, et allait jusqu'au vomissement. Constitution forte.
Poitrine bien conformée. Respiration assez régulière comme mouvements,
moins à l'auscultation. Rhonchus très-sonore. Expansion nulle à droite
sous la clavicule. Rien au cœur. (5 fr.)

27e.—*Gallois*, 51 ans, fondeur depuis 41 ans. Pendant près de 26 ans, il
a bien supporté le travail; mais depuis 14 ans, il commence à souffrir et à
perdre beaucoup de temps de travail. Il a passé à l'hôpital 3 semaines
une fois et un mois une autre pour maladies dénommées catarrhe et
asthme. Maintenant et depuis sept ans il ne fait plus que des journées
incomplètes, 4, 5 heures. En été il parvient encore à *arracher* sa journée; mais en hiver, il est arrêté par de grands étouffements et maux de
tête. Conformation du thorax et du cou, et mouvements respirateurs caractéristiques. Dos voûté à droite. Bruit assez rude en avant, mais très-
faible en arrière. Toux catarrhale. A parfois craché du sang. A travaillé
6 semaines à la fécule : allait mieux. (Prix de la journée, 4 fr., et autrefois 6 fr.)

28e. — *Beunon*, 39 ans, fondeur depuis 23 ans. Pendant les premiers
temps allait bien. Depuis 6 à 7 ans a commencé à être malade. A l'hôpi-

tal pour une fluxion de poitrine. Depuis ce temps arrêté tous les ans vers
le milieu de l'hiver. A craché du sang. Anhélation habituelle. Tous les
soirs, à la fin de la journée, était pris d'étouffements. A travaillé à la fécule, mais vient d'être interrompu 3 semaines. La poitrine assez bien
conformée. Respiration très-haute, très-courte. Sibilance générale. Rien
au cœur. (Prix de journée, 5 fr. ; a été jusqu'à gagner 8 et 9 fr. par jour.)
Père mort du pylore à 49 ans ; mère morte de chagrin en 15 jours.

29°. — *Marchal*, 50 ans, fondeur depuis 37 ans. Souffre d'étouffement
depuis 26 ans. Toux continuelle ; a été arrêté plusieurs fois, pendant
l'année dernière surtout. Travaille maintenant à la fécule, et se trouve
beaucoup mieux. Se plaint surtout d'étouffement et d'oppression de la
région du cœur. Bonne conformation. Respiration presque normale, seulement inspiration courte. Crache encore noir, quoique à la fécule depuis
8 mois. Cela vient une fois ou deux dans la journée par effort. (Prix de
la journée, 5 fr.) Père vivant à 83 ans ; mère morte à 26 ans.

30°. — *Minet*, 46 ans, fondeur depuis 30 ans. N'a guère résisté que 3
ou 4 ans. Depuis a toujours toussé, et a été de temps en temps arrêté. A
cependant pu faire ses journées entières, quoique toussant constamment.
Il travaille à la fécule, mais tousse moins et est moins étouffé. Quoiqu'il
y soit depuis 4 mois, il crache encore noir par instants dans les plus fortes
quintes. Conformation à peu près normale. Essoufflement facile, sans
voussure. Inégalité de l'expansion à droite, plus forte néanmoins à gauche. Rien autre à noter. (5 fr.) Père vivant ; mère morte paralysée.

31°. — *Legat*, 38 ans, fondeur depuis 16 ans. A résisté 4 ou 5 ans.
Depuis a commencé à étouffer, jusqu'à 1 an qu'il a travaillé à la fécule
sans inconvénient. Avant ne pouvait faire ses journées. Conformation
très-caractérisée. Essoufflement marqué, mais respiration facile et à peu
près pure. Crache encore noir après 1 an. Tous les jours trois ou quatre
fois, principalement le matin. Rien pour les parents. Frère très-fort, au
service.

32°. — *Pischoff*, 44 ans, fondeur depuis 24 ans. N'est malade que depuis 2 ans, mais avait des étouffements depuis 5 ans auparavant. A eu
une fluxion de poitrine, à la suite de laquelle il est resté souffrant. Tousse
et crache beaucoup, est très-poussif. A travaillé à la fécule avec notable
amélioration, et est revenu au charbon. Porte le cachet. Voussure. Expansion nulle. Rien au cœur.

33°. — *Dumaka*, 38 ans, fondeur depuis 21 ans. Pendant les premiers
temps allait très-bien. Il y a 9 ans, il a commencé à étouffer. A été pris
d'abord d'un catarrhe pulmonaire, à la suite duquel il a commencé à
tousser presque constamment. Il a été forcé de s'arrêter pendant 2 ans,
et a repris depuis 3 ans. Il fait des journées à peu près complètes, seulement très-fatigué le soir. Ne peut manger. Vomit. Respiration haute,

inégale (à droite très-faible, plus forte à gauche). Père mort paralysé ; mère bien portante.

34e, 35e, 36e. — MM. *Souquière, Dugue* fils et *Marcellys*, maîtres fondeurs et ayant eux-mêmes travaillé pendant longtemps, présentent tous trois des signes non équivoques de l'affection des organes respiratoires, qui est propre à leur profession, l'essoufflement, la respiration courte, l'inégalité et la faiblesse du bruit vésiculaire dans les différentes parties de la poitrine, un développement un peu exagéré du cœur sans bruit anormal. Ils sont tous trois néanmoins partisans exclusifs de l'emploi du poussier de charbon.

37e. — *Charles Soyez*, âgé de 22 ans, est entré, le 28 avril 1854, dans mon service à l'hôpital La Riboisière. C'est un jeune homme brun, fort, d'une constitution vigoureuse. Pas de signes de scrofules. Pas de maladies antécédentes. — Son père et sa mère vivant encore et jouissant, ainsi que son frère, d'une bonne santé habituelle ; aucun d'eux ne tousse. — Au mois de novembre 1850, Soyez entra dans la fabrique Olivier, qu'il quitta quelques semaines après pour passer dans celle de M. Moulin. — Jusqu'au mois de mai 1851, sa santé fut bonne, mais dans les premiers jours de mai, il fut pris de rhume et de courbature, entra à la Pitié et y resta 13 jours. — En 1852, au printemps, il fut repris de la même indisposition et fut soigné à Sainte-Marguerite. — En 1853, la santé de Soyez fut bonne. Dans le courant de février 1854, il a commencé à éprouver de l'oppression, des étouffements. — Quand il monte les escaliers ou qu'il marche un peu vite, le malade est essoufflé ; point de côté à gauche ; toux plus forte que les années précédentes ; expectoration difficile ; hémoptysies abondantes dans le courant de mars et dans les premiers jours d'avril. — Amaigrissement considérable ; cependant le malade mange bien quand il sort de l'atelier. Pas de diarrhée. Sueur légère la nuit pendant le sommeil. — Palpitations depuis le mois de février. Jamais d'œdème. — Au 29 avril 1854, il se présente dans l'état suivant : Dyspnée. Toux modérée. Douleur du côté gauche du thorax. Dans l'inspiration le thorax se soulève, s'élève avec énergie ; action violente des muscles élévateurs ; presque pas de dilatation dans le sens transversal pendant l'inspiration. — Thorax bombé en avant des deux côtés. Creux claviculaires fort marqués ; creux sous-claviculaires effacés complétement, quoique le sujet ne soit pas gras. — Sonorité thoracique légèrement augmentée en avant des deux côtés. Expiration prolongée en avant ; quelques râles ronflants à droite en avant. — En arrière : sonorité partout conservée ; pas de retentissement de la voix. A gauche : respiration prolongée. A droite : rudesse prolongée ; silence au sommet droit en arrière. — Crachats : quelques stries et crachats noirâtres nageant au milieu d'un liquide filant et âcre. — Premier bruit du cœur un peu

sourd ; matité précordiale diminuée. — Ce jeune homme est resté à l'hôpital deux mois. Quelques moyens très-simples ont suffi, avec le repos,
pour faire disparaître peu à peu les accidents qu'il éprouvait. Au moment de sa sortie, le bruit respiratoire avait beaucoup plus d'ampleur et
perdu sa dureté.

Troisième catégorie (degré extrême).

38°. — *Suiot*, beau-frère de M. Grandpierre, âgé de 36 ans, 20 ans de
profession ; aspect livide et coloration bleuâtre des lèvres ; dyspnée
constante ; pouls dur, petit, irrégulier ; sonorité exagérée ; bruit respiratoire presque nul surtout à gauche ; cœur hypertrophié, vacillant. Mouvements inspirateurs très-énergiques. — Il n'a pas connu ses parents. Il
a eu de l'enflure aux extrémités à plusieurs reprises. Vésicatoire récemment appliqué sur la région du cœur. Charbon incrusté encore dans la
peau quoiqu'il ne travaille plus depuis un an. (Prix de journée, 4 fr. 75 c.)

39°. — *Gauthier*, 47 ans, fondeur depuis 20 ans, a assez bien résisté
pendant 10 ans, mais depuis cette époque, chaque année il était forcé de
suspendre à plusieurs reprises son travail. Depuis 5 ans, il s'est vu forcé
d'y renoncer tout à fait et ne va plus dans les ateliers. Cependant deux
ans après il crachait encore noir. Son état est des plus caractéristiques.
Il peut à peine parler, à peine marcher ; sa dyspnée est extrême ; la
face est livide ; la respiration est sifflante, très-courte. Il tousse par
quintes très-fortes, suivies de nausées. La maigreur et la faiblesse sont
extrêmes. Le dos est voûté ; la partie antérieure de la poitrine aplatie et
rentrée. Le bruit respiratoire complétement nul et remplacé, dans quelques points seulement, par des râles humides et rares. Il n'y a rien du
côté du cœur. Les antécédents n'offraient rien de suspect. Son père et sa
mère sont morts par suite de blessures. Il a une fille mariée qui est
bien portante. (Prix de journée, dans les derniers temps, 2 fr. 50 c. seu-
ment.)

40°. — *Legros*, âgé de 55 ans seulement, a été forcé, depuis plus de
6 ans, de quitter définitivement son état, il se traîne péniblement dans
les rues où il vend des allumettes. Nous l'avons visité à son domicile, et
nous avons constaté qu'il est atteint du plus haut degré d'essoufflement
avec induration partielle du poumon et catarrhe chronique. Il a encore,
par moments, et malgré le long temps qui s'est écoulé depuis qu'il ne
travaille plus, des crachats de matière charbonneuse, englobée dans une
pituite épaisse et albumineuse. Nous avons constaté nous-mêmes ce fait
pendant plusieurs semaines que Legros a passées dans notre service à
l'hôpital la Riboisière.

41e. — *Lebas* (Félix), 46 ans, entré à l'hôpital de la Charité le 18 février 1854, fondeur depuis 36 ans, a commencé à être pris d'étouffement au bout de 12 ans, et depuis ce temps, a été obligé de s'arrêter très-souvent, a été plusieurs fois à l'hôpital, a travaillé à la fécule pendant un mois régulièrement et sans souffrir ; a repris le poussier, et presque sur-le-champ a été obligé de s'interrompre. — Actuellement il ne travaille plus depuis deux mois, et crache encore noir presque tous les matins. — Nous constatons nous-mêmes l'un de ces crachats formé par une masse épaisse blanche, opaque au centre, entourée d'une épaisse couche de charbon très-noir. — Dyspnée et toux excessives. Respiration très-haute et très-laborieuse. Conformation du thorax très-avancée. Au cou saillie des muscles et creux rempli par des sinus veineux qui se gonflent comme un œuf de poule. Voussure antérieure très-marquée. Bruit inspiratoire tout à fait nul. Rhonchus très-sonore. Cœur très-irrégulier dont les battements sont sourds, tremblotants, faibles. Pouls très-petit. Père, cultivateur, mort à 50 ans, d'une maladie aiguë. Mère morte à 75 ans.

42e. — *Bonnivaut*, 42 ans, fondeur depuis 29 ans ; jusqu'à l'âge de 30 ans, il ne s'apercevait de rien. Mais depuis 12 ans, il a été très-fortement pris. Le cou et le thorax présentent, au plus haut degré, la conformation caractéristique ; la voussure de la poitrine est considérable ; la respiration extrêmement courte et laborieuse ; la voix très-brève. Le soulèvement énergique de la cage thoracique constate assez l'expansion pulmonaire qui est nulle. Les battements du cœur sont tumultueux. — Le père est mort d'une maladie aiguë qui l'a enlevé en onze jours. La mère est vivante et en bonne santé. (Prix de journée, 4 fr. 50 c.)

43e. — *Renard*, 51 ans, a travaillé 34 ans à la fonderie qu'il a quittée il y a 6 ans, après avoir été 14 ans chef d'atelier. Il y a 20 ans qu'il a commencé à souffrir par des étouffements ; il a craché du sang à plusieurs reprises. — Constitution très-chétive. Maigre, pâle et livide. Dyspnée extrême. Muscles inspirateurs très-développés eu égard aux autres. Respiration rude, bruyante, sibilante dans tout le côté droit, et notamment sous les clavicules un peu de matité. Cœur tumultueux, sans bruit morbide ; pas d'enflure ; n'en a jamais eu ; n'a pas éprouvé une amélioration notable, depuis qu'il a quitté, et continue à cracher noir. Antécédents excellents. Père mort à 73 ans. Mère morte à 69 ans.

ANNEXE II.

CAS DE MALADIE DES FONDEURS TERMINÉS PAR LA MORT.

(Examen physique et chimique des poumons.)

Nous avons réuni dans ce groupe trois observations : la première nous a été communiquée par M. Monneret; la seconde est empruntée au mémoire de M. Rilliet, et complétée par l'analyse de M. Lecanu; la troisième, recueillie par nous dans le service de notre collègue, M. Pidoux, à l'hôpital la Riboisière, a été l'objet de l'examen approfondi de MM. Mélier et Magendie, et a servi aux recherches chimiques de MM. Chevreul, Grassi, Henry et Leconte.

44°. — *Desquerlin*, 65 ans, mort le 5 mai 1852, à l'hôpital Saint-Antoine. La dyspnée habituelle remonte à un grand nombre d'années. Suspension du travail à des époques assez rapprochées dans les derniers temps. A son entrée à l'hôpital, il avait offert les symptômes suivants : Toux fréquente; expectoration de crachats puriformes; bruit d'expiration et bronchophonie au sommet; attaque d'asthme le soir et pendant la nuit portée au plus haut degré; dans les autres moments, respiration très-accélérée, courte; voix brève; position assise; pouls petit, faible, égal, régulier; cyanose très-marquée du visage, des lèvres, du nez, des oreilles; refroidissement des extrémités; œdème considérable des membres inférieurs; bouffissure de la face; conservation de l'appétit; nausées rares, albumineuses; rien au cœur. Aggravation progressive des symptômes. — Mort, deux mois après son entrée à l'hôpital. — *Autopsie.* Les poumons adhérents dans toute leur étendue par des adhérences étroites et anciennes. Toute la surface est parsemée de taches noires de plusieurs centimètres. Tissu dense, résistant, offrant à la coupe, dans les parties indurées, une surface noire, assez sèche, sur laquelle on aperçoit les bronches dilatées, dans un grand nombre de points des premières et secondes divisions les bronches capillaires sont oblitérées. Une rougeur livide et noirâtre se rencontre dans les bronches et la trachée, là où le tissu pulmonaire n'est pas induré. Celui-ci, mis dans l'eau et fortement malaxé, fournit une petite quantité de matière noire qui tache les doigts et les linges en noir. Plusieurs concrétions calcaires existent au sommet du poumon gauche. On remarque aussi sur le bord antérieur de l'emphysème intra-vésiculaire. Rien au cœur. En résumé, on note l'absence de tubercules en voie de ramollissement. L'oblitération des bronches dans leurs derniers ramuscules et une disparition de leur tissu dans une masse indurée infiltrée par une matière noire, saline, à angles et à bords aigus, sans cristallisation régu-

6

lière, innombrable, mais non encellulée (*Observation inédite*, recueillie par M. le docteur MONNERET, médecin de l'hôpital Necker).

45e (1). — Le nommé *Rigaud*, âgé de 39 ans, mouleur en cuivre, entra le 12 mars 1838 à l'hôpital Necker, et fut placé dans le service de M. Bricheteau.

Il accusait deux années de maladie ; son affection avait débuté par de nombreuses hémoptysies qui s'étaient répétées, en variant toutefois d'intensité, pendant les 6 premiers mois. Depuis 16 mois il avait en partie cessé ses occupations, tourmenté qu'il était d'une toux très-intense, accompagnée de sueurs nocturnes et d'amaigrissement progressif. L'expectoration, soit avant, soit après le début présumé de la maladie, avait toujours présenté la même teinte noirâtre ; le malade attribuait à sa profession cette couleur anormale. A aucune époque il n'y avait eu de désordre du côté des voies digestives, sauf quelques vomissements après la toux.

Depuis 15 jours il se plaignait de perte d'appétit ; cependant il mangeait encore le quart de portion. Sa maladie l'avait obligé d'entrer deux fois à l'hôpital Saint-Antoine, dans le cours d'une année ; il y était resté 6 semaines chaque fois : il n'avait été soumis à aucun traitement actif.

Né d'un père qui a succombé à une maladie aiguë, et d'une mère qui vit encore et jouit d'une bonne santé, d'une complexion délicate, il n'a jamais eu d'autre maladie qu'une affection aiguë de poitrine à l'âge de 22 ans, et des ophthalmies chroniques, pendant les 5 ou 6 années qui ont précédé le début de la phthisie. Sa conduite a toujours été régulière, et, sauf sa profession, aucune cause ne peut expliquer le développement de sa maladie.

Lorsqu'il fut soumis à notre observation le 13 mars, il était dans l'état suivant : Constitution peu forte ; maigreur assez avancée ; petite taille ; cheveux châtains ; yeux bleus ; poitrine aplatie en avant : le maximum de cette matité existe à la partie moyenne du poumon.

Sous la clavicule on entend un gargouillement des plus marqués ; au-dessous, du râle sous-crépitant est perçu seulement à la fin de l'inspiration : du reste, il n'y a ni respiration vésiculaire, ni respiration bronchique ; à gauche, sous la clavicule, l'expiration est prolongée ; au-dessous la respiration est peu moelleuse. En arrière, dans la moitié supérieure droite, râle muqueux, absence complète de bruit respiratoire ; à gauche la respiration paraît pure. La percussion ne présente pas de différence bien appréciable. La toux est assez rare ; l'expectoration,

(1) *Mémoires sur la pseudo-mélanose des poumons*, par M. Rilliet (*Archives générales de médecine*, 3e série, t. II, p. 160, 1838).

gris noirâtre, peu abondante. La peau n'est pas chaude : le pouls très-petit, 120 ; 30 inspirations par minute. La langue est humide, l'abdomen indolent, la soif ordinaire, l'appétit conservé (1/4 de portion), l'intelligence intacte, les réponses justes et naturelles, la voix est un peu voilée ; le malade ne se plaint d'aucune douleur au niveau du larynx.

Le 18, il s'est plaint d'accès d'étouffements dans la nuit ; râle crépitant très-fin en arrière à gauche, dans toute la hauteur du thorax. Le 19, à 5 heures du matin, il meurt.

Autopsie. A l'ouverture de la poitrine, les poumons sont maintenus en place par des adhérences anciennes celluleuses, assez lâches à gauche, où elles occupent la moitié supérieure du poumon ; elles sont beaucoup plus courtes, peu serrées, plus épaisses au niveau du lobe supérieur droit qu'elles entourent presque en entier ; la plèvre droite ne contient pas de liquide ; la gauche renferme deux verres de sérosité citrine.

Le poumon gauche est de couleur violacée à l'extérieur ; à son sommet, dans un espace de la dimension d'une petite pomme, le parenchyme est converti en un tissu très-dur ne criant pas sous le scalpel, lisse à la coupe, d'un beau noir, communiquant cette couleur aux doigts qui sont en contact avec lui. Mis dans l'eau, il précipite ; traité par la coction, il perd de son brillant, mais conserve sa coloration ; soumis à la macération pendant 24 heures, il donne au liquide dans lequel il a séjourné une teinte analogue à celle de l'encre de Chine. A peu près au centre de cette altération, se trouve une petite excavation pleine de liquide gris noirâtre ; elle n'est tapissée d'aucune fausse membrane ; elle communique avec une bronche qui paraît taillée à pic dans le point où elle pénètre dans son intérieur. La partie inférieure du lobe supérieur et le lobe inférieur tout entier sont gorgés d'une assez grande quantité de sang ; ils présentent à la coupe un grand nombre de petites masses noirâtres variant entre le volume d'une noisette et celui d'une lentille ; leur composition est en tout semblable à celle du tissu décrit ci-dessus. Les bronches sont universellement d'un rouge vif, qui ne disparaît pas par le lavage ; leur membrane muqueuse n'est pas ramollie ; la pression exercée sur le poumon fait affluer dans leur intérieur une grande quantité du liquide rougeâtre.

Le poumon droit est violacé à l'extérieur, dur au toucher. Au sommet, on trouve une vaste excavation capable de loger une orange ; elle communique avec une petite bronche : elle ne présente pas de bride dans son intérieur, mais elle est tapissée, dans presque toute son étendue, par une fausse membrane blanchâtre, molle, de 1/4 de ligne d'épaisseur, qui s'enlève avec la plus grande facilité quand on promène le scalpel à la surface. Ses parois sont constituées en dehors par les adhérences anciennes et par la plèvre, épaissie en dedans par une couche de tissu noirâtre, en tout semblable à celui décrit au sujet du poumon gauche.

Cette couche de matière noire varie d'épaisseur à la partie supérieure de l'excavation; elle n'a pas plus de 3 lignes. La caverne ne contien dans son intérieur qu'une petite quantité de liquide gris noirâtre. Le lobe moyen droit tout entier est converti en un tissu d'une coloration et d'une nature identiques avec celui que nous avons déjà décrit. Enfin le lobe inférieur présente exactement les mêmes altérations que le lobe correspondant gauche. Les bronches contiennent un mélange de liquide grisâtre et de liquide rougeâtre spumeux ; elles sont d'un rouge vif : leur membrane (celle des troncs les plus volumineux) a un peu perdu de sa consistance. Un examen attentif de la plus grande partie du poumon ne m'a fait reconnaître ni tubercules, ni granulations grises ; mais un fragment du tissu altéré ayant été présenté à la Société anatomique, un de mes collègues (M. Guéneau de Mussy) a trouvé au centre du tissu noir une masse du volume de l'extrémité du petit doigt, jaune, friable, tuberculeuse en un mot. Je dois ajouter qu'on n'a pas rencontré de traces de tubercules dans une autre portion du poumon, qui, soumise à l'analyse chimique, a été divisée en fragments multipliés.

Le péricarde ne contient pas de liquide : on voit une tache laiteuse sur le feuillet viscéral qui revêt le cœur droit. Le cœur, mesuré avec soin, offre une légère hypertrophie des ventricules droit et gauche, et une diminution dans le calibre des orifices auriculo-ventriculaire gauche et aortique. L'endocarde est lisse-transparent, les valvules souples, saines ; les oreillettes et les ventricules contiennent une grande quantité de caillots noirâtres.

Analyse chimique. — M. Lecanu, professeur à l'École de pharmacie, a bien voulu se charger de l'analyse chimique de la matière noire trouvée dans le poumon. Je transcris littéralement la note qu'il m'a communiquée.

« La matière soumise à mon examen se trouvait enfermée dans un « flacon en partie rempli d'eau alcoolisée. Elle était en masse amorphe « d'un noir foncé, à l'exception des parties qui recouvraient les débris « de plèvre, d'une texture compacte et très-élastique. Quand on agitait « violemment le vase qui la contenait, on détachait de cette masse une « matière pulvérulente noire, qui, d'abord tenue en suspension dans le « liquide, se déposait bientôt par le repos. Cette observation m'a natu- « rellement conduit à essayer, pour isoler la matière colorante, l'emploi « du procédé bien connu à l'aide duquel on sépare le gluten.

« J'ai introduit la masse, préalablement divisée avec des ciseaux, dans « un nouet de linge, et je l'ai malaxée dans un filet d'eau distillée. Je « n'ai pu parvenir à décolorer complétement le résidu, tant la matière « adhérait fortement à la fibre ; mais du moins j'ai pu isoler une grande

« partie de la matière colorante, et il m'a ensuite été facile de la recueillir
« en jetant sur un filtre l'eau qui la tenait en suspension.

« Elle est restée à la surface du papier, sur lequel on l'a successive-
« ment lavée, d'abord avec de l'eau distillée, qui en a séparé quelque
« peu d'albumine, de matières extractives et de sels solubles; puis avec
« l'alcool bouillant et l'éther, qui en ont à leur tour séparé un peu de
« matières grasses. Ainsi épuisée des matières solubles dans l'eau,
« l'alcool, l'éther, qui d'ailleurs ne l'ont pas dissoute, et ne se sont même
« pas colorés, elle était en poudre noire, sans odeur, sans saveur, in-
« soluble dans l'eau de potasse qui n'en altérait en rien la teinte, ainsi
« que dans l'ammoniaque, les acides acétique, nitrique, sulfurique,
« chlorhydrique (qui ne réagissaient sur elle qu'à chaud, et lui enle-
« vaient un peu de fer); insoluble aussi dans l'alcool aiguisé d'acide
« sulfurique.

« Calcinée dans un petit tube fermé à l'une de ses extrémités, elle s'est
« décomposée, et a répandu l'odeur propre aux matières animales, en
« dégageant des vapeurs ammoniacales.

« Calcinée à l'air libre, elle a laissé un résidu inorganique considé-
« rable, dans lequel on a constaté la présence d'une forte proportion de
« phosphate de chaux et du peroxyde de fer.

« J'ai mis la poudre noire macérée dans l'eau chargée d'acide chlo-
« rhydrique pur : l'acide lui a enlevé son phosphate de chaux. Je l'ai
« traitée à chaud par l'eau de potasse ; l'alcali lui a enlevé la matière
« animale que l'acide nitrique a précipitée de la dissolution alcaline.
« La poudre épuisée de toutes ses parties solubles dans l'eau de potasse,
« avait perdu la propriété de répandre des vapeurs ammoniacales pour
« produit de sa décomposition ignée ; elle laissait peu de cendres de phos-
« phate de chaux sans traces de fer. Enfin dès lors, elle se comportait
« avec les réactifs absolument comme l'eût fait du charbon. Par consé-
« quent la matière noire du poumon, débarrassée, par des moyens con-
« venables, des matières étrangères qui s'y trouvaient intimement asso-
« ciées, s'est montrée identique avec le charbon. »

46ᵉ OBSERVATION *recueillie par nous à l'hôpital la Riboisière, dans le*
service de M. le docteur Pidoux. — Le nommé *Courteille*, âgé de 45 ans,
fondeur en cuivre, d'une constitution vigoureuse, a joui d'une santé ex-
cellente jusqu'en 1853. Il y a 12 ou 15 mois, la respiration devint pénible,
laborieuse; oppression constante, augmentant par la marche et la fatigue,
augmentant aussi dans les temps humides. Cessation complète du travail
en décembre 1853. Palpitations. Diarrhée.

A son entrée à l'hôpital, le 6 avril 1854, il se présente dans l'état suivant:
bouffissure et pâleur de la face ; œdème des jambes ; ventre développé ;
matité à la partie inférieure de l'abdomen ; infiltration légère des parois

abdominales. Matité considérable à la région précordiale ; dédoublement du premier temps, bruit de rappel. Pouls petit, fréquent, intermittent. Murmure vésiculaire affaibli, nul, ou remplacé par du râle sous-crépitant. Diminution d'élasticité en arrière des deux côtés.

Oppression ; toux fréquente. Crachats puriformes et noirâtres. — Anosmie. Diarrhée. — Cet état va en s'aggravant, et le malade succombe le 12 avril.

Autopsie. — Cœur hypertrophié ; caillots nombreux et organisés dans les côtes gauches ; épanchement citrin peu abondant dans les cavités péricardiques et péritonéales.

A l'ouverture du thorax, le poumon droit ne revient pas sur lui-même, il fait saillie, comme les poumons emphysémateux. — Adhérences nombreuses. — Le poumon droit présente une surface moutonnée, irrégulière ; son volume est considérable ; sa couleur d'un gris (verdâtre) foncé noirâtre. Quelques pseudo-membranes de formation récente se remarquent au niveau des lobes supérieur et moyen. Ces deux lobes, dans toute leur partie postérieure, ont perdu leur élasticité. La base du lobe inférieur et le bord antérieur des lobes supérieur et moyen sont encore élastiques : on y produit facilement la crépitation. Les scissures interlobaires sont effacées par des pseudo-membranes qui les remplacent entièrement ; au niveau du sternum, la coloration du parenchyme pulmonaire est moins altérée, elle est d'un gris rosé. De nombreuses coupes pratiquées dans toutes les parties du poumon droit, ont donné les résultats suivants : Dans le lobe supérieur et le moyen, en arrière, apparence granitée ; parenchyme dense, résistant, d'une couleur gris foncé, noirâtre, verdâtre ; persistance des ramifications bronchiques ; tubercules disséminés ; cavernes considérables. Lobe inférieur : mêmes caractères dans ses deux tiers supérieurs. La base du lobe inférieur, le fond antérieur du poumon, sont altérés dans leur couleur, mais non dans leur structure et leur densité. Poumon gauche : recouvert d'une coque pseudo-membraneuse, ancienne, épaisse de 1 ligne 1/2 environ. A la coupe, il présente le même aspect, la même couleur vert noirâtre ; le même défaut d'élasticité au sommet et au bord postérieur, la même persistance d'élasticité au bord antérieur et à la base que le poumon droit. Tubercules plus nombreux, à une période plus avancée ; cavernes nombreuses et vastes.

En froissant entre les doigts le bord antérieur des poumons, on sent des noyaux durs de volume variable, quelques-uns gros comme des noisettes ; à la coupe, ces noyaux sont d'un gris vert ; ils paraissent compactes et homogènes. Ganglions bronchiques grisâtres, ramollis, se réduisant facilement en bouillie ; non hypertrophiés.

Analyse chimique des poumons malades. — Les poumons infiltrés de matières noires ont été l'objet d'expériences très-approfondies. Nous avons déjà cité, dans le cours de notre mémoire, les résultats obtenus par M. Chevreul. D'un autre côté, M. Leconte, sous la direction de M. Magendie, a entrepris, à l'occasion de ce fait, des recherches é'endues sur l'absorption des matières pulvérulentes qui ne peuvent manquer d'éclairer d'un jour nouveau l'une des plus intéressantes questions de l'hygiène professionnelle. Enfin, nous allons compléter cette étude en reproduisant les expériences auxquelles ont bien voulu se livrer deux autres savants chimistes.

Une portion des poumons malades caverneuse, et analysée par M. Grassi, pharmacien en chef de l'hôpital la Riboisière, a été traitée à chaud par l'acide chlorhydrique pour détruire les matières organiques, puis par une solution concentrée de potasse pour enlever les matières grasses. Le résidu de couleur noire, provenant de ces deux opérations, a été traité, à plusieurs reprises, par de l'eau distillée bouillante, et à chaque traitement, la matière noire était séparée par décantation. Elle communique au liquide une teinte qui ne s'éclaircit qu'avec une extrême difficulté, et le dépôt met plusieurs jours à se former dans l'eau distillée. La séparation se fait plus facilement dans la liqueur acide, primitivement employée, ainsi que dans la solution de potasse. Le dépôt recueilli par la décantation et l'évaporation du liquide, est séché à l'étuve, il est constitué par une poudre noire excessivement ténue qui offre tous les caractères extérieurs de la poussière recueillie dans les ateliers de moulage.

Un autre fragment de poumon étudié par M. Henry, chef des travaux chimiques de l'Académie de médecine, a été divisé en petits morceaux que l'on a pilés dans un mortier de porcelaine, avec de l'eau distillée. L'eau était chaque fois jetée sur un petit tamis à mailles assez serrées pour retenir le mieux possible les fibres de matière animale, qui pouvaient s'être détachées. Les deux ou trois premières opérations ont fourni un liquide rosé, sanguinolent et grisâtre; les autres, des liqueurs de plus en plus foncées. Par le repos de 48 heures dans un vase étroit, il s'est fait un précipité presque noir qui, après lavage convenable, a été séché à une douce chaleur, chauffé ensuite avec de l'éther sulfurique, de l'alcool, et enfin lavé une dernière fois et séché.

Ce produit avait une couleur noire; écrasé sur un papier, il y laissait des traces noirâtres fixes. Chauffé sur une petite feuille de platine à la flamme d'une lampe à alcool, il brûlait et finissait par disparaître. Enfin, mélangé à dix ou douze fois son poids de sable très-fin privé préalablement, par les acides et le lavage, de tous les carbonates, la poudre a été introduite dans un petit tube assez étroit avec des fragments de verre pilé et d'amiante, puis ce tube, garni à l'extérieur d'une petite feuille de cuivre rouge, roulée en spirale, a été mis en communication, d'une part, avec un appareil à dégagement d'oxygène ; de l'autre, avec un mélange très-clair de chlorure de baryum et d'ammoniaque. L'appareil était terminé par un tube plongeant sous la potasse pour éviter l'entrée de l'acide carbonique extérieur. Le tube a été chauffé, et le courant d'oxygène passant sur le mélange chaud de la poudre noire et du sable, n'a pas tardé à produire de l'acide carbonique dont la présence s'est manifestée au bout de quelques minutes par la production de carbonate de baryte. Ce résultat analogue à ce qu'on obtient en pareil cas avec de l'anthracite et du charbon, ne laisse aucun doute sur la nature du produit noir extrait mécaniquement des poumons de l'ouvrier mouleur et qui n'était autre chose que du charbon. Ajoutons, en terminant, que cette matière charbonneuse s'y trouvait en quantité vraiment énorme.

ANNEXE III.

A. Consultation *de* MM. Bouillaud, *professeur à la Faculté de médecine de Paris ;* Lafont, *ancien médecin de la Société de prévoyance et de secours mutuels des fondeurs en cuivre ;* et Escoffier, *médecin de la Société des fondeurs en cuivre.*

Cette consultation, qui a eu lieu, le 2 février 1854, en présence de M. Christofle, a eu pour objet de constater l'état de 25 mouleurs, sur lesquels 18 ont été ultérieurement soumis à notre examen. Nous nous bornerons à rapporter l'énonciation des faits observés sur les 7 autres, ainsi que les considérations dont les médecins consultants ont fait suivre cet exposé :

1º *Bernard,* 51 ans, constamment oppressé et affecté de catarrhe bronchique, qui le rend depuis 7 ans incapable d'aucun travail ;

2º *Fontaine,* 48 ans, affecté d'oppression continue au point d'être forcé d'abandonner son état ;

3º *Montforgeat,* 43 ans, a été à plusieurs reprises fortement affecté des voies respiratoires, et enfin forcé d'abandonner la fonderie ; depuis cette époque la respiration est devenue meilleure sans atteindre l'état normal ;

4º *Daudemont,* 40 ans, affection des voies respiratoires, qui lui rend le travail de son état impossible plusieurs fois dans l'année ;

5º *Jouet,* 38 ans, gêne continue de la respiration, qui s'augmente par le travail d'atelier pendant l'hiver, et l'oblige à le suspendre souvent ;

6º *Quéradet,* 34 ans, affection des poumons ayant commencé 6 mois après la reprise de son état à la suite de sa libération du service militaire.

7º *Cambillard*, 32 ans, respiration très-mauvaise ; a cessé le travail au poussier et pris celui de la fécule : son état s'améliore sensiblement.

« Par une auscultation attentive exercée sur ces 25 mouleurs, nous « avons reconnu chez tous des désordres plus ou moins grands du côté « des poumons et du cœur, chez tous une dyspnée plus ou moins in- « tense ; sur ce nombre de 25 dont le plus âgé a 55 ans, 8 ont été forcés « par le mauvais état de leur respiration, d'abandonner entièrement leur « état ; 8 autres peuvent encore continuer ce travail en le suspendant une « partie de l'année ; et les 9 autres ont pu, quoique malades depuis long- « temps, travaillei sans interruption pendant 8 mois de l'année 1853, « grâce à la substitution de la fécule au poussier.

« De tout ce qui précède, et qui pour nous est authentique, nous con « cluons que, dans notre conscience, la fécule doit être substituée entière- « ment au poussier, et qu'autant que possible l'atelier de moulage doit « être séparé de la fonderie proprement dite ; mais que dans une « question aussi grave, si l'autorité ne se trouve pas suffisamment éclairée « par notre opinion, nous joignons notre voix à celle des ouvriers et des « patrons intelligents pour lui dire : Ordonnez une enquête ; faites-vous « présenter, comme nous venons de le faire, 50 ou 40 valétudinaires ; exa⁻ « minez-les ; établissez vous-même la comparaison de l'emploi de la « fécule et du poussier en visitant divers ateliers à l'heure du travail, « vous arriverez par là à notre conviction, et vous ordonnerez la suppres- « sion du poussier et la séparation des ateliers de moulage et de la « fonderie; par là vous donnerez satisfaction à un grand nombre de « malheureux qui souffrent, et peut-être éviterez-vous aussi dans « l'avenir ces cruelles affections des voies respiratoires aux ouvriers de « cet état. »

B. — *Rapports et certificats de MM. les docteurs* LAFONT, HURON *et Es-*COFFIER, *médecins de la Société des secours mutuels des fondeurs en cuivre.*

« Nous, médecins soussignés, chargés, depuis 1834 jusqu'à ce jour, du service médical de la grande majorité des ouvriers fondeurs et mouleurs en bronze de Paris, et sollicités aujourd'hui par eux de soumettre à l'autorité compétente le résultat de notre expérience médicale relative à leur profession, et de lui donner en même temps notre opinion sur la substitution de la fécule au poussier de charbon dans l'opération du moulage, déclarons ce qui suit :

« La question ainsi posée, et voulant y répondre sans entrer dans des considérations scientifiques qui seraient trop longues, nous affirmons sur

l'honneur, après une expérience de vingt ans, que l'état de mouleur, te
qu'il a été pratiqué jusqu'ici, est très-nuisible aux fonctions de la respiration ; et que sur la totalité des jeunes sujets, qui entrent à l'âge de 15
ou 16 ans dans les fonderies où l'on respire continuellement un air chargé
de fumée et de poussière, un cinquième au moins éprouve de la gêne
dans la respiration avant l'âge de 20 ans, et n'est plus valide à cet âge
pour être admis dans les Sociétés de secours mutuels ; près du tiers,
pour ne pas dire la moitié, a subi avant l'âge de 50 ans la série des maladies qui affectent les organes de la respiration et de la circulation. Sur
ce nombre une partie ne travaille plus que quelques jours par semaine,
ou ne fait plus que des demi-journées. La saison d'hiver est pour tous
très-pénible à passer par la nécessité de travailler à la chandelle, les ateliers fermés. Quelques-uns passent cette partie de l'année dans les hôpitaux ; les autres restent classés dans les infirmes et les incurables que
l'on rencontre se traînant péniblement appuyés sur un bâton, le dos voûté,
la face bouffie, et parlant avec peine.

« M. LAFONT, médecin de la Société de prévoyance et de secours mutuels des fondeurs en cuivre de Paris, certifie que, depuis 1834, sur 19 décès, il en a constaté 13 d'affections aiguës ou chroniques des poumons,
2 de mort violente, et 4 de maladies diverses, et que sur 20 cas de maladies, 16 au moins ont leur siége dans les organes de la respiration. En
effet, la fonction la plus importante de l'homme est toujours, durant le
travail, dans un état de gêne et de trouble : 1° par une chaleur souvent
très-vive ; 2° par une fumée et une poussière épaisse et permanente, au
point de ne pouvoir faire une seule aspiration sans qu'il en entre une
grande quantité dans les bronches, dont la dernière ramification arrive
promptement à être obstruée : de là résultent gêne et oppression pour la
presque totalité des ouvriers, après 2, 3 ou 4 heures de travail ; aussi un
grand nombre d'entre eux ne peuvent-ils travailler que 3 ou 4 jours par
semaine. Ajoutez à cela l'habitation permanente dans un atelier clos et
plein de poussière et de fumée, surtout pour les travaux à la chandelle,
qui ont lieu l'hiver de 3 heures 1/2, 4 heures à 8 heures, et vous aurez une
idée précise de la cause des affections qui viennent si souvent atteindre
cette classe de travailleurs. »

ANNEXE IV.

OBSERVATIONS RECUEILLIES CHEZ DES CHARBONNIERS ET DES MINEURS.

Nous réunissons ici les faits extrêmement remarquables par leur
analogie frappante avec ceux que nous avons observés chez les mouleurs.

A. Le nommé *Yvernin*, charbonnier, âgé de 39 ans, habitant Paris depuis 22 ans, entra à l'hôpital de la Charité le 27 février 1836; il avait éprouvé, 20 ans auparavant, un point de côté qui le retint cinq jours malade. Il jouit ensuite d'une bonne santé. Mais il y a quinze mois, un violent effort amena une hémoptysie assez abondante. Vers le mois de juillet 1835, huit mois avant son entrée à l'hôpital, il fut pris d'un rhume qui augmenta peu à peu d'intensité, et qui au bout de deux mois s'arrêta tout à fait. Les symptômes se calmaient de loin en loin sans cesser complétement, et ils revenaient ensuite avec plus de violence. Il ne présentait lors de son entrée à l'hôpital que des signes de bronchite. Mais son état, loin de s'améliorer, alla s'aggravant. Au bout d'un mois, on constatait les symptômes suivants : dyspnée assez vive survenant par attaques plus particulièrement pendant la nuit; toux vive, crachats muqueux, mêlés de quelques crachats nummulaires; léger œdème des membres inférieurs. Sonorité de la poitrine généralement bonne; râle crépitant à larges bulles dans la surface supérieure du côté droit, à gauche le bruit respiratoire ne diffère que par une faiblesse relativement marquée. Les signes augmentent graduellement; la respiration devient soufflante et accompagnée de bronchophonie. Les troubles généraux s'aggravent. La mort arrive le 6 avril, après six semaines passées à l'hôpital.

A l'autopsie, on constate les lésions suivantes : adhérences intimes et solides des deux feuillets de la plèvre. A l'extérieur, les poumons ont un aspect noirâtre; leur tissu paraît dur et leur poids est de beaucoup augmenté. Incisé, le poumon présente partout une coupe nette. La surface ainsi mise à nu, est noire comme du charbon, et cette coloration est presque uniforme. Elle résulte de petites masses séparées seulement par des cloisons d'un blanc bleuâtre. Des ganglions bronchiques sont couverts de matière noire. En certains endroits, on retrouve le tissu pulmonaire sain. Une seule petite caverne se rencontre vers le milieu du lobe supérieur du poumon droit (*Observation recueillie* par M. le docteur Bé-hier, *et publiée* par M. le professeur Andral, dans l'édition qu'il a donnée du *Traité d'auscultation* de Laënnec, t. III, p. 565. Paris, 1837).

B. « Le nommé *Couven*, âgé de 58 ans, travaillant aux mines de houille depuis son enfance, a joui d'une bonne santé. Dans les sept dernières années, il a éprouvé de la toux avec de la dyspnée augmentant pendant l'hiver. Vers la fin, expectoration purulente, dépérissement. En mars 1833, la matière de l'expectoration commença à présenter une couleur noire comme celle de l'encre, elle était en quantité considérable. Râle caverneux au-dessous de la clavicule droite, et absence de tout bruit respiratoire à gauche. Diarrhée dans les derniers temps. — *A l'autopsie*, on trouva les deux poumons transformés en masses noires dans lesquelles on ne voyait plus aucun vestige de leur couleur naturelle. Ils étaient, de plus, creusés de cavernes qui contenaient en grande abondance du liquide noir, semblable à celui qui avait été expectoré pendant la vie.

C. « *Dun*, âgé de 62 ans, doué primitivement d'une bonne santé, travaillant depuis son enfance dans les mines de charbon de terre, éprouvait des accès de dyspnée, particulièrement pendant les temps froids ou variables. En janvier 1833, il fut pris de toux et de palpitations avec oppression plus considérable. La matière expectorée était d'un gris noirâtre, semblable à du mucus qu'on aurait mêlé à du noir de fumée. — On trouva à l'autopsie cette même matière noire infiltrant les poumons et remplissant les bronches. A gauche, il existait une caverne également pleine de liquide noir. (*Observations recueillies* par le docteur MARSHALL.)

D. D'autres observateurs et en particulier le docteur Graham ont publié plusieurs cas relatifs à des mineurs morts à la suite de chutes ou autres violences extérieures, et dont les poumons furent trouvés comme ceux des précédents malades, colorés en noir.

E. Pour démontrer que cette matière noire n'est point un produit de sécrétion, Christison l'a soumise à l'analyse chimique. Elle provenait des poumons d'un mineur de houille, chez lequel M. Gregory avait trouvé ces organes colorés en noir dans leur totalité. Il a reconnu que les acides chlorhydrique et nitrique qui détruisent toutes les matières organiques, n'attaquent point cette matière noire, d'où il a conclu qu'elle ne pouvait provenir d'une sécrétion. M. Graham est arrivé à la même conséquence. Il a aussi établi que la matière noire dont il est ici question, ne s'altère pas par le chlore. (*Annotations* de M. le professeur ANDRAL au *Traité de l'auscultation* de Laënnec, t. II, p. 323.)

FIN.

CORBEIL. — TYPOGRAPHIE DE CRÊTÉ.

224

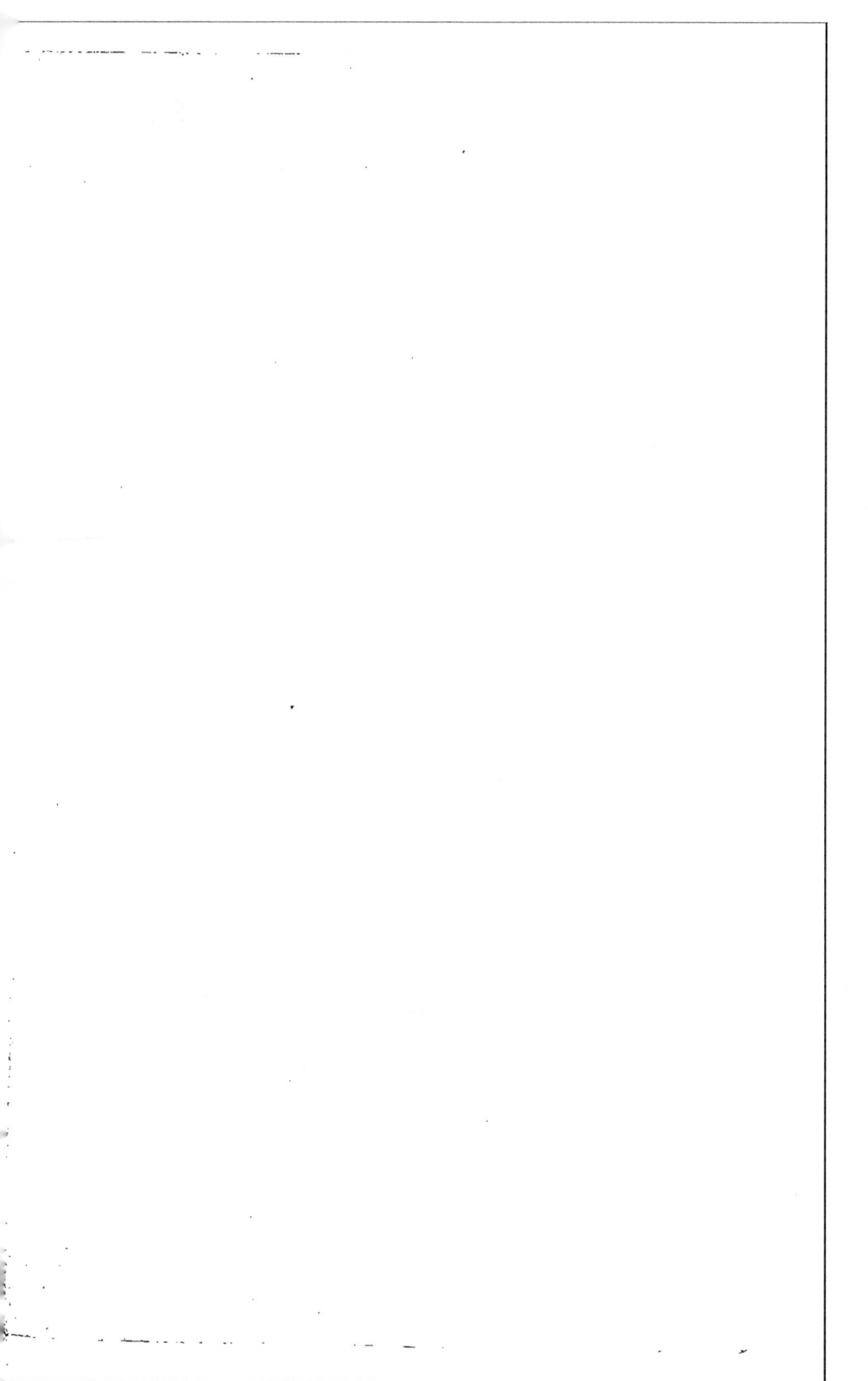

BIBLIOTHEQUE NATIONALE DE FRANCE

3 7531 04114092 3

www.ingramcontent.com/pod-product-compliance
Lightning Source LLC
Chambersburg PA
CBHW071241200326
41521CB00009B/1568

*9 7 8 2 0 1 3 7 2 2 5 4 4 *